内蒙古师范大学基本科研业务费专项资金资助（项目编号2022JBYJ011）

Research on the
Framework of China's Rural
Environmental Policy Assessment

中国农村环境政策评估框架研究

陈佳志◎著

·北 京·

图书在版编目（CIP）数据

中国农村环境政策评估框架研究 / 陈佳志著 . —北京：中国经济出版社，2024.4
ISBN 978-7-5136-7702-8

Ⅰ.①中… Ⅱ.①陈… Ⅲ.①农业环境-环境政策-研究-中国 Ⅳ.①X-012

中国国家版本馆 CIP 数据核字（2024）第 062849 号

责任编辑 耿 园
责任印制 马小宾
封面设计 任燕飞工作室

出版发行 中国经济出版社
印 刷 者 宝蕾元仁浩（天津）印刷有限公司
经 销 者 各地新华书店
开 本 710mm×1000mm 1/16
印 张 13
字 数 198 千字
版 次 2024 年 4 月第 1 版
印 次 2024 年 4 月第 1 次
定 价 88.00 元
广告经营许可证 京西工商广字第 8179 号

中国经济出版社 **网址** http：//epc.sinopec.com/epc/ **社址** 北京市东城区安定门外大街 58 号 **邮编** 100011
本版图书如存在印装质量问题，请与本社销售中心联系调换（联系电话：010-57512564）

致　谢

我想对我的导师 Ken Hughey 教授和 Lin Roberts 博士表达最诚挚的感谢，感谢他们长久以来对我博士阶段学习和研究的坚定支持。同时，我衷心感谢虞若宏先生，您是我信赖的朋友和令我十分敬仰的长者。我还要感激刘伟先生和白晓玉女士这对夫妇，在我回国实地考察的过程中给予了我最需要的帮助与支持。最后，我要向我的父母致以最美好的祝愿：在任何时候，你们都是我最坚实的后盾。

自 序

本书全面探讨了中国环境政策评估的核心问题。首先，系统介绍了环境政策评估的理论基础和方法。其次，通过对具体案例的深度分析，剖析了 McConnell 框架在中国环境政策评估中的适用性，以及中国环境政策成功或失败的根源。最后，展望了未来研究的方向，提出了进一步探索中国环境政策评估的思路和方法。本书旨在为学者、政策制定者和社会公众提供一个系统全面的理论框架，推动中国环境政策评估的发展，为中国环境治理提供有益的参考和指导。

撰写本书的初衷源自对中国环境问题的关切以及对环境政策实施效果的深思。透过对 McConnell 框架的研究和应用，本书期望为中国环境政策评估提供一种科学客观的方法，为政策制定者和决策者提供更为可靠的决策支持。

本书作者团队在环境政策领域拥有丰富的研究经验，并对中国环境治理现状有深入了解。通过本书，我们将分享我们的研究成果和心得，期望为中国的环境治理事业贡献一份力量。

未来，我们将持续关注中国环境政策领域的研究动态，不断更新我们的研究成果。希望读者在阅读本书的过程中获得启发和收获，对中国环境政策评估有更为深入的理解。

2024 年 5 月于内蒙古呼和浩特市

目　录

第一章　中国农村环境污染、综合整治政策及其评估

第一节　中国农村环境污染

截至2014年，我国农村人居环境总体水平仍然较低，在居住条件、公共设施和环境卫生等方面与全面建成小康社会的目标要求还有较大差距（国务院办公厅，2014）。农村人居环境面临着多种污染，包括点源污染、面源污染、工业污染、城市向农村转移污染等（李克强，2008；黄安伟，2014）。农村废弃物及其处理失当被认为是农村环境污染的主要原因之一。农村废弃物主要包括生活垃圾[①]、生活污水[②]、禽畜粪便、农用薄膜、农药包装废弃物、秸秆等（生态环境部，2014；住房和城乡建设部，2015）。

中国农村地区每年产生大量的生活垃圾，其中大部分未经处理（王宁，2014）。截至2012年，全国农村每年产生生活垃圾约2.8亿吨。全国16711个建制镇和14168个乡，生活垃圾年清运量约5700万吨，年处理量仅为3500万吨。571611个行政村，有生活垃圾收集点的约占26%，对生活垃圾进行处理

① 农村生活垃圾指农村人口在日常生活中或者为日常生活提供服务的活动中产生的固体废物以及法律、行政法规规定视为生活垃圾的固体废物，包括厨余垃圾等有机垃圾，纸类、塑料、金属、玻璃、织物等可回收废品，砖石、灰渣等不可回收垃圾，农药瓶、日用小电子产品、废油漆、废灯管、废日用化学品和过期药品等危险废物（生态环境部，2012b）。

② 农村生活污水指农村地区居民生活所产生的污水，主要来源于冲厕、炊事、洗衣、洗浴、清扫等生活行为产生的污水（生态环境部，2012e）。

的约占 10%（生态环境部，2012c）。

农村地区排放未经处理的生活污水也造成了大面积的水体污染。截至 2011 年，全国农村生活污水排放量约为 2300 万吨/天，生化需氧量（BOD）为 530 万吨/天，化学需氧量（COD）为 860 万吨/天，总氮（TN）为 96 万吨/天，总磷为（TP）14 万吨/天。全国 90%以上的村庄没有污水收集和处理系统，大部分生活污水未经任何处理任意向环境排放，造成周边地表水、地下水的严重污染（生态环境部，2012d）。

根据第一次全国污染源普查（国家统计局，2010），2007 年我国畜禽养殖业粪便产生量 2.43 亿吨，尿液产生量 1.63 亿吨。截至 2012 年，猪、牛、鸡三大类畜禽粪便总排放量达 22 亿吨/年，是工业固体废物的 2.4 倍，粪便中 COD 的含量是全国工业和生活污水排放 COD 之和的 5 倍，而且对环境影响较大的养殖场 80%集中在人口比较集中、水系比较发达的东部沿海地区和大城市周围，8%～10%的规模化养殖场距离当地水源地不超过 50 米。据生态环境部在全国 23 个省（区、市）的调查，90%的规模化养殖场没有经过环境影响评价，60%的规模化养殖场缺少必要的污染防治措施（生态环境部，2012a）。

2006—2014 年，我国农用薄膜使用量急剧增加（国家统计局，2015）。2015 年，我国农用薄膜总用量达 260 多万吨，其中地膜用量为 145 万吨，全国农膜回收利用率不足 2/3（农业农村部，2017）。第二次全国污染源普查显示，我国覆膜农田土壤中地膜累积残留量达 118.48 万吨。尤其是在西北局部区域，农田土壤中的残留量较高。为了防治农用薄膜污染，加强农用薄膜监督管理，我国出台了农用薄膜管理办法（农业农村部，2020），但距离实现废旧农用薄膜回收再利用仍有一段距离。

目前没有针对农药包装废弃物的详细统计数据，但可以从农药使用情况来进行估算。根据国家统计局的数据，2006—2014 年，我国农药的使用量显著增加，农用化学品的包装也随之增加。截至 2020 年，我国每年农药原药的消费量为 50 万吨左右，所需的农药包装物高达 100 亿个（件），其中，被随意丢弃的农药包装废弃物超过 30 亿个（经济日报，2020）。针对这一问题，我国在 2020 年提出了

《农药包装废弃物回收处理管理办法》（农业农村部和生态环境部，2020）。

焚烧秸秆会导致大量有害气体和颗粒物的排放，包括二氧化碳、一氧化碳、氮氧化物、挥发性有机物以及细颗粒物。2015 年，我国秸秆产量约 9 亿吨，秸秆残余物转化为污染物约 8000 万吨（国家秸秆产业联盟，2018）。由于中国大部分地区的雾霾天气日益严重，自 2013 年以来，生态环境部开始利用卫星遥感对中国 31 个省（区、市）的秸秆焚烧情况进行监测。基于 2000—2014 年中国华东地区农作物产量统计数据，估算各区域秸秆产量及室内外农作物秸秆燃烧总量，靳全锋等（2017）指出秸秆焚烧是导致此区域 $PM_{2.5}$ 水平升高的重要影响因素。生态环境部督查数据显示，秸秆焚烧对某些地区 $PM_{2.5}$ 的日均浓度影响贡献率为 14%～55%（梁月静，2015）。

第二节　中国农村环境综合整治政策及其评估

一、中国农村环境综合整治政策

党和政府意识到上述污染源造成的环境问题，进而提出并实施了一系列治理农村环境污染的政策和项目。表 1.1 总结了一些具有代表性的控制农村废弃物污染、改善农村人居环境的政策和项目。除了这些政策和项目之外，诸多政府部门也出台和发布了各类指导、规范、通知和标准等政策性文件，在这里不一一列举。

表 1.1　具有代表性的中国农村环境治理政策

出台部门	政策名称	出台年份
农业农村部	农村清洁工程	2005
国务院办公厅	《关于实行“以奖促治”加快解决突出的农村环境问题的实施方案》	2009
环保部、财政部	全国农村环境综合整治“十三五”规划	2017
	全国农村环境综合整治“十二五”规划	2012

续表

出台部门	政策名称	出台年份
住房和城乡建设部	农村生活垃圾五年专项治理	2014
住房和城乡建设部、农业农村部、国家发展改革委、生态环境部、乡村振兴局、中华全国供销商合作总社	《关于进一步加强农村生活垃圾收运处置体系建设管理的通知》	2022
国务院办公厅	《国务院办公厅关于改善农村人居环境的指导意见》	2014
中共中央办公厅、国务院办公厅	《农村人居环境整治三年行动方案》	2018
	《农村人居环境整治提升五年行动方案（2021—2025 年）》	2021

在诸多政策和项目中，《关于实行“以奖促治”加快解决突出的农村环境问题的实施方案》也被称为农村环境综合整治政策，是较早实施的一项专门侧重于农村废物综合管理和污染控制的政策。这项政策通过中央和省级农村环保专项资金支持“以奖促治”农村环境综合整治项目，扶持各地开展农村环境综合整治，加快解决群众反映强烈、严重危害农村居民健康的突出环境问题（生态环境部，2010a）。例如，广东省通过“以奖促治”推进农村环境综合整治，2008—2017 年，累计安排资金约 14 亿元，支持“以奖促治”农村环境综合整治项目约 750 个，涉及行政村 2300 个。贵州省实施“以奖促治”推进农村环境综合整治工作，2008—2016 年，共安排中央农村环保专项资金 11 亿多元，支持贵州省 1700 多个村庄开展农村环境综合整治，重点治理农村生活垃圾、生活污水和畜禽养殖污染，解决了一大批农村突出环境问题。其中，安排中央农村环保专项资金 4 亿多元，专门支持黔东南州 410 个村庄开展农村环境综合整治。

农村环境综合整治政策的核心理念是“建设生态文明”，其中包括两个具体的政策目标：①集中整治一批环境问题最为突出、当地群众反映最为强烈的村庄，使危害群众健康的环境污染得到有效控制；②环境监管能力得到加强，环保意识得到增强（国务院办公厅，2009）。

具体来说，农村环境综合整治政策主要支持以下四类污染的治理和管控：农村饮用水水源地保护、农村生活污水和垃圾处理、畜禽养殖污染治理和历史遗留的农村工矿污染治理（生态环境部，2009）。根据过往项目申报的数据，农村环境综合整治政策多数集中在农村生活垃圾处理和农村生活污水处理这两个领域。在农村生活垃圾处理方面，农村环境综合整治项目支持开展农村生活垃圾分类、收集、转移、妥善处理等项目，提高村民的环保意识（生态环境部，2012b）。在农村生活污水处理方面，农村环境综合整治项目支持建设排水系统、污水收集系统和污水处理系统（生态环境部，2012e）。

所有的农村环境综合整治项目都有既定的申报、管理和评估程序（国务院办公厅，2009），下文介绍农村环境综合整治项目的申报、管理和评估。

二、农村环境综合整治项目的申报、管理和评估

每年上半年，根据有关规划和年度预算安排的原则和侧重点，生态环境部和财政部发布年度“以奖促治”资金申报指南，并提出具体要求。“以奖促治”资金由县级人民政府申请，经市（地）级环境保护、财政部门审核，省级环境保护、财政部门审查汇总后，联合报送生态环境部和财政部。生态环境部会同财政部组织审查。

“以奖促治”资金是财政奖励资金，专项用于农村环境综合整治。省级财政部门应在中央财政下达资金的 20 个工作日内，及时下达资金预算。资金使用实行县级财政报账制，县级财政、生态环境部门要加强资金审核和管理，确保专款专用、专项核算，不得截留、挤占和挪用。资金使用和整治进展情况要在当地张榜公布，实行村务公开。财政部会同生态环境部对资金使用情况进行监督检查。对违反规定，截留、挤占和挪用资金或有其他违规行为的，将相应扣减或取消安排下一年度资金，并按规定追究相关人员责任。

政策评估促进政策学习（Fischer 和 Miller，2007）。农村环境综合整治项目评估的目的是为决策和实施机构提供改进建议，并作为后续资金安排的参考。2010 年，生态环境部向各生态环境部门下发《农村环境综合整治“以奖

促治”项目环境成效评估办法（试行）》（生态环境部，2010b），包括一系列评估项目环境成效的工作流程和一套项目环境成效评分表（以下简称 MEE 框架，见附录 A）。

MEE 框架规定，环境成效评估在项目验收一年后开展。生态环境部负责组织、指导各省（区、市）生态环境厅（局）开展环境成效评估。各省（区、市）生态环境厅（局）应成立环境成效评估专家组。评估专家组包括农村环境保护、自然生态保护及环境监测等方面的专家，人数不少于五人。环境成效评估包括材料评估和现场评估。评估专家组负责查阅项目提供的材料，现场查验污染治理设施运行情况及环境成效，按照评估指标和相应评分标准，对项目进行评估、打分，并按规定要求填写《农村环境综合整治“以奖促治”项目环境成效评估报告》，由评估组组长签字后，按程序报所在省（区、市）生态环境厅（局）。各省（区、市）生态环境厅（局）对辖区内项目环境成效评估结果进行汇总，形成本省（区、市）年度环境成效评估报告，于当年 8 月底前报送生态环境部。生态环境部对各省（区、市）实施农村环境“以奖促治”政策环境成效情况开展抽查并进行总体评估。评估结果将报送国务院，并将作为后续资金安排的参考。各省（区、市）生态环境厅（局）对环境成效评估结果为优的项目予以通报表扬，对评估结果为中或差的项目提出限期整改意见，并检查整改落实情况。

第三节　中国环境政策评估框架的缺失

我国一直积极实施各类环境政策，但对于环境政策的评估存在一定的不足（李志军，2016）。首先，评估主体相对单一，难以做到客观独立。我国公共政策评估主要由各政府评估机构进行，政府工作人员更容易获取信息，评估结果也更容易被采纳。然而，评估的范围和规模往往会超出政府评估机构的评价能力。因此，对公共政策和项目进行“独立”和“客观”评估的需要进一步推动了评估工作的外包。其次，公众难以获取支撑政策评估真实性、可靠性和整体性的相关数据，研究机构和学者的评估往往也缺乏足够的信息来确保评估的信度和效度。最后，评估标准不统一，且往往缺乏合适的评估方法。因为上述不足，学者们一致呼吁建立一个系统的、整体的环境政策评估体系（宋国君等，2003；罗柳红和张征，2010；王璐等，2014；李伟，2015；中共中央办公厅和国务院办公厅，2015；李志军，2016；叶大凤和唐娅玲，2017；李志军，2022）。农村环境综合整治项目的评估，可视为我国缺乏一个系统的、整体的环境政策评估框架的案例。

第一，MEE 框架存在一定缺陷。首先，MEE 框架关注任务完成情况和环境治理效果，即政策实施的成效。然而，当代政策分析超越了政策实施过程（Fischer 和 Miller，2007；Howlett 等，2015），未能充分研究更广泛的政策阶段会限制评估者获得整体视角并提供深度建议的能力。其次，MEE 框架没有包括政策评价必需的若干组成部分，即政策的影响，例如政策对人类健康的影响或对目标群体行为的影响。再次，MEE 框架要求计算资金投入和产出比（见附录 A 第 3 项），但此项指标很难计算，而且有时投入和产出以不同的单位进行测量［投入是专门用于设计和实施一项政策项目所需资源（European Environment Agency，2001），如建立垃圾收集站的资金投入。产出可以是一项政策项目的有形结果，如垃圾收集点的数量，甚至是无形结果，如目标群体的行为改变］。此外，成本效益是用来描述是否以最低的成本实现了目标或者以相同的成本实现了最大的效益，但这个比率指标在用于评估单个政策项目时价值有限；当用于比较类似项目时，它是最相关的。最后，评估者很难建立起农村环境综合整治项目同区域内水环境质量或大气环境质量之间的因果关系（见附录 A 第 18 和 19 项）。某一村庄生活污水处理项目与区域水质改善之间的因果关系，或某一乡镇生活垃圾治理项目与区域空气质量改善之间的因果关系，都很难确定。

第二，农村环境综合整治项目的评价过程也存在争议。关键利益相关者，如当地公众、社区领导人和第三方组织，可能不会参与这一进程。地方政府不仅是政策方案的设计者和实施者，也是政策的评估者：他们招募评估小组，提供环境数据，审查评估结果，并提交评估报告。学者们注意到，在这种情况下，地方政府的评估结果可能会产生偏见，因为评估结果直接让地方政府受益或受损：评估结果是后续农村环境综合整治项目资金安排的主要参考（王建容，2006；李泞原，2010；许跃辉等，2010；高小泉，2014）。

第三，为了进一步了解农村环境综合整治项目的评估结果，我们通过互联网搜索了有关农村环境综合整治项目评估结果的信息。在互联网上公开提供的关于农村环境综合整治项目的评估结果一般是以新闻的形式出现的，并且通常仅包含对计划实施和结果的简短概述或者模糊描述。例如，生态环境部在2019年11月的例行新闻发布会上指出："农村人居环境得到改善，农村居民获得感、安全感、幸福感显著增强。"（生态环境部，2019）目前，基于MEE框架的完整政府评估报告在互联网上并未找到，可获取的主要是评估结果的摘要。例如，浙江省对2010—2011年的农村环境综合整治项目进行了评估，所有县在评估中得分都较高：61.5%的县"非常好"（90分以上），38.5%的县"好"（90分以下，最低得分为87分）。2011—2012年，所有县再次通过了评估：90%的县"非常好"（高于90分），10%的县"好"（低于90分，最低得分为88.5分）。由于缺乏其他省份的数据，很难对评估结果进行比较。因此，可以质疑该省获得较高的评分可能是由于其县域经济发达，而不是由于政策本身，这样的评估结果对政策学习并无帮助。

农村环境综合整治项目也引起了学者们的注意。然而，独立学者的评价结果却惊人地相似，即该政策和项目取得了巨大的成功（董连胜和朱静波，2012；顾冬梅，2012；韦建华，2015；老祎，2017；周鑫等，2019）。考虑到政策和项目在全国范围内实施，不同的地域具有不同的社会、经济、地理、人口和文化等背景，高度雷同的结论反而引起了对农村环境综合整治项目评估结果可靠性的质疑。

鉴于上述原因，现有的农村环境综合整治项目的评估流程和框架可能无法提供农村环境综合整治项目的整体图景：不仅未能"描述系统的组成部分"，也未能说明"这些组成部分如何联系、相互作用以产生变化的"

（Lemire 等，2020：58）。农村环境综合整治项目的评估可视为我国缺乏一个系统的、整体的环境政策评估框架的案例。中国需要一个适用于中国场景的、系统且整体的环境政策评价框架。

第四节 政策评估框架的探索

政策评估可能很复杂，评估结果很少是非黑即白的。一个“好的”结果不一定等于“政策的完全成功”，一个“坏的”结果也不一定等于“政策的绝对失败”：可能存在不同程度的政策成功或政策失败，甚至“灰色地带”。此外，在一个方面成功的政策可能在另一个方面失败。例如，地方政府在发展经济时承担环境风险是很常见的，很多项目造福当地经济，但也会导致公众的强烈反对（王强，2012；Bradsher，2013）。大连福佳大化 PX 项目就是这样一个例子。公众普遍担忧该项目对环境和健康的影响，随后大连市委、市政府决定该项目立即停产并且搬迁（宋冰和严浩泽，2011）。

本书以“政策成功”和“政策失败”的概念为出发点探索政策评估框架。“政策成功”和“政策失败”经常在文献和报告中使用，但没有明确的定义便于进一步调查（Marsh 和 McConnell，2010；Zittoun，2015）。为了填补这一研究空白，麦康奈尔（McConnell，2010b，2010a）明确定义了政策成功和政策失败。在此基础上，McConnell 认为，绝对的政策成功或绝对的政策失败是罕见的，更多的是程度问题。政策的成败可以从政策制定过程、政策实施过程和政策的政治影响三个层面来观察。基于上述定义，McConnell（2015，2016）开发了一个系统且完整的框架，以帮助评估公共政策。

本书采用 McConnell 的框架作为研究的理论基础。然而，McConnell 框架的形成场景与中国场景截然不同。因此，他的框架需要在中国进行检验。本书的研究结果可以帮助这一框架更好地适应中国场景，从而填补中国缺失的系统性和整体性的环境政策评估框架，加深决策者对政策成功和失败的本质以及原因的理解。

第五节　研究目标和研究问题

环境政策是如何设计、实施和评估的（包括相对成功和相对失败），是一个在中国经常被提出的问题（宋国君等，2003；高兴武，2008；罗柳红和张征，2010；中共中央办公厅和国务院办公厅，2015）。的确，当代的思想认为不存在这样一个系统和整体的环境政策评估框架（王璐等，2014；李志军，2016）。但这一点很重要，因为如果没有这样一个框架，就很难评估政策进程或取得的成果。更重要的是，如果没有一个综合的政策框架，就很难从相对的成功和失败中吸取教训，并将这些教训纳入政策改进或新的政策举措中。为了解决这一问题，本书首先确定一个可能适用于中国的政策评估框架，然后对其进行测试和应用，通过案例研究提供见解，从而将该框架更广泛地应用于中国环境政策评估之中。

为了探索和研究环境政策评估的过程，本书针对中国农村环境综合整治政策，以在中国农村实施的生活垃圾和生活废水相关项目为案例。这些案例用于探索 McConnell 框架在中国场景下的应用，并为如何改进该政策提供见解。本书研究的目的如下：

- 探索 McConnell 框架在中国场景下的应用。
- 评估农村环境综合整治项目的相对成功或失败。
- 探究政策成功或失败的原因。

有助于实现上述研究目标的具体研究问题如下：

- 中国场景下，McConnell 框架中适用/不适用/可以修改的指标有哪些？
- 在每个案例研究中，政策成功/失败的相对程度是什么？
- 政策制定和政策实施阶段的成功/失败与其政治影响之间的内在联系有哪些？
- 政策成功或者失败的原因是什么？

第六节　本书结构

本书共分为八章。第一章介绍研究背景、研究目标和研究问题。第二章是基于政策成功与政策失败的文献综述，介绍并讨论 McConnell 的政策评估框架。第三章介绍研究路径和研究方法，详细阐述了本书采纳的自适应学习、案例研究和三角互证法在中国场景下的应用。从第四章开始，笔者对 McConnell 框架进行了理论和实践测试。具体而言，第四章从理论角度对 McConnell 框架进行了评价，为进一步的检验和修订奠定了理论基础，修改后的 McConnell 框架可作为实地调查和评估案例成功或失败程度的初始框架。第五章报告了对 McConnell 框架的第一阶段评估和应用，总结了可用于第二阶段评估和应用的经验教训。第六章报告了修正后的 McConnell 框架在第二阶段的评估和应用。本书在第七章对 McConnell 框架进行了总结性讨论，并对案例评估结果进行了比较，同时讨论了政策成功或失败的原因。第八章概述了本书的主要结论，并提出了研究的局限性和对未来研究的建议。

第二章　评估政策成功或失败

本章回顾政策成功和政策失败的相关研究，讨论政策成功和政策失败的概念，探讨当前研究的局限性。以政策成功和政策失败的概念为基础，本章介绍了 McConnell 的政策评估框架，讨论了以该框架作为本书研究基础的可能性。

第一节　评估政策成功或失败的文献综述

> 政策评估是围绕公共政策的管理，对政策干预的结果、影响、优点和价值开展的一种深入的回顾性评估，旨在对未来公共政策实践发挥积极作用（Vedung，2017：3）。

政策评估复杂且评估方法多样。Vedung（2017）总结了几种评估模型，包括：有效性模型（如目标达成模型、副作用模型、无目标评价模型、综合评价模型、客户导向模型、利益相关者模型）、经济模型（如生产力模型和效率模型）和专业模型。此外，许多国家在不同的领域、因不同的目标推出并使用了多种评估框架。例如，欧盟评估环境政策的 DPSIR 框架（European Environment Agency，2001）、美国疾病控制与预防中心的六步框架（Milstein 和 Wetterhall，1999）、美国环境政策评估指南（National Center for Environmental Economics Office of Policy，2010）、新西兰的政策质量框架（Department of the Prime Minister and Cabinet，2017）。

上述每个框架都有其优缺点。在确定合适的政策评估框架之前，必须提出一个问题，即什么样的指标可以用来准确描述政策评估结果？Vedung（2017：209）强调“除了有关产出、结果和一般干预措施对结果影响的数据外，评估应包括有关政策干预措施成功或失败原因的更具体信息”。

“政策成功”或“政策失败”的说法通常用在政府报告、新闻和学术期刊中，并广泛被政治家、记者和学者使用。但是，“这些关于政策结果的主张并没有建立任何评估成功或失败的系统性指标体系”（Marsh 和 McConnell，2010：565），也就是说，“究竟是什么构成了政策的成功和失败”（Howlett，2012：542）。本书使用“政策成功”和“政策失败”的概念作为研究的起点，接下来将回顾关于这两个概念的文献——既关键又富有争议性。

定义政策成功的文献是有限的。Baldwin（2000：167）评论说：“对于什么是成功甚至没有共识。”大多数文献在案例研究中提到了“政策成功”，但未能明确定义它，或者未能提供评估政策成功的系统性框架（Hall，1993；King，1999；Kane，2003；Hulme 和 Moore，2007）。

与政策成功相比，政策失败更能引起公众的关注（Birkland，1997；Cairney，2011）。社交媒体倾向于报道和传播政策失败的新闻，但同样没有明确定义这种失败是什么。首先，关注政策失败定义的文献很少，对政策失败的实际构成知之甚少。在没有明确定义的情况下，通常使用情绪化的术语来描述政策失败，如“失误”“灾难”“一团糟”和“惨败”等（Butler 等，1994；Bovens 等，1996；Boin 等，2008；Massey，2013；Annison，2019；Richardson 和 Rittberger，2020）。这些词很容易模糊确定失败程度的过程。其次，在案例研究中，政策失败通常被描述为“如果政策未能实现目标或预期的一系列结果”（Hall，2011：653）。通常，文献的聚焦点是调查政策失败的原因，而不是失败的本质：要么没有系统的结构化评估，要么只是偶尔作出的简短评论（Brody 和 Shapiro，1989；Ascher，2000；Ward，2003；Aspinall，2006；Luk，2009；Bourblanc 和 Anseeuw，2019；Davidson，2019）。最后，学者们往往局限在政策制定过程或者政策实施过程中考虑政策失败，缺乏整体的视角（Payne，2000；Mitchell 和 Massoud，2009；Khalilian 等，2010；

Howlett，2012；Howes 等，2017）。因此，关于政策失败、政策学习和政策变化关系的讨论可能也缺乏系统性的检验（May，1992；Stronks 等，2006；Ei-Jardali 等，2014；Zhong 等，2017）。

缺乏对政策成功或失败的适当分析和讨论的原因可能在于概念化“政策失败”方法上的困难，这些困难包括：一个人认为的失败可能不被另一个人视为失败，甚至被视为成功；没有普遍同意的基准；未能受益一个群体的政策，可能受益另一个群体；短期内失败的政策可能在长期内取得成功（McConnell，2015：226-229）。

尽管困难重重，学者们仍试图阐明政策失败的类型，以方便决策者进行政策评估。Howlett（2012）提出了一个二维模型：一个维度是从高到低的显著性，即政策失败的强度和可见性；另一个维度是从高到低的量级，即政策失败的程度和持续时间。据此，他将政策失败分为四类：总体失败（major failure）、聚焦失败（focused failure）、广泛失败（diffuse failure）和微小失败（minor failure）。基于对六国的四部门公共治理进行的实证比较研究，Mark 和 Paul（2016）开发了一个二维框架。他们根据项目绩效评估和政治声誉评估结果（“++”和“--”）组成了四种政策失败类型，即成功（success）、悲剧（tragedy）、闹剧（farce）和惨败（fiasco）。

然而，上面提到的每种分类都有其局限性。首先，在 Howlett 的分类中，政策失败只在政策制定和执行阶段进行分类和评估，在 Mark 和 Paul 的分类中，政策失败只在政策执行阶段和政治声誉方面进行分类和评估，而没有考虑到整个政策周期。政策的制定、执行和政治反响之间可能存在相关性，但上述分类并未为进一步研究上述相关性提供有力的工具。仅仅从单一角度判断政策的成败是不够的，关键在于要有一个整体的观点，并注意到政策的成败不仅发生在政策制定过程和政策实施过程中，其政治影响也可能是判断政策成败的一个重要方面。其次，涉及描述指标和维度的商定含义对于建立基准并避免在进一步评估中滥用概念至关重要（Babbie，2015）。往往研究中使用的诸如“有效”或“无效”、“高”或“低”、“++”或“--”这样的符号，对于研究者和读者来说都很难明确其程度或者便于进行案例之间的比较。

为了解决上述问题，Marsh 和 McConnell（2010）基于 Boyne（2003）关于衡量公共服务改善的研究，发表了一篇名为“Towards a Framework for Establishment Policy Success”的文章。Marsh 和 McConnell 认为，政策可能在“计划”“执行”和“政治”这 3 个领域取得成功。这 3 个领域是在 Bovens 等（2001）区分政策实施成功和政治成功的基础上建立起来的，并增加了政策制定这个类别。这种分类，让政策成功的定义“超越了成功就等同于实现政策目标或产生更好政策效果的这样一种假设”（pp. 565）。在此基础上，Marsh 和 McConnell 构建了一个判断政策成功与否的框架，并从上述 3 个维度中确定了 9 个指标。然而，Marsh 和 McConnell 都承认，这个框架“是一个启发式的，不是一个模型，更不是一个理论”（pp. 571），但它成为 McConnell 后续对政策成功或失败研究的基础。

2010 年，McConnell 出版了著作 *Understanding Policy Success：Rethinking Public Policy*（McConnell，2010b）。在这本书中，他从“基础主义”（成功作为事实）和“反基础主义”（成功作为解释）的角度进一步诠释了政策成功的概念（pp. 39）。McConnell 认为，政策可能在“制定”“实施”和“政治”领域取得成功，有 11 个指标可以作为评判政策成功与否的指标（pp. 40–54）。此外，他认为政策成功有 5 个程度，即政策成功（policy success）、持久的成功（durable success）、争议性的成功（conflict success）、不稳固的成功（precarious success）和政策失败（policy failure）（pp. 55–62）。如果一项政策“成功”了，可以观察到政策在每个指标以及 3 个领域上都取得了一定程度的成功。

基于这本书，McConnell（2010a）发表了一篇名为“Policy Success，Policy Failure and Grey Areas In-Between”的论文。他将研究重点从政策成功扩展到政策失败，并解释了政策成功与失败之间的距离，即所谓的“灰色地带”。政策失败被视为“政策成功的一面镜子”（pp. 356）。在这篇论文中，McConnell 修正了政策成功的定义并在此基础上定义了政策失败。McConnell 认为，在“计划”“执行”和“政治”这3个领域，政策可能会成功或失败，这种成功或失败可以分为5种程度：成功（success）、有韧性的成功（resilient success）、争议性的成功（conflicted success）、不稳固的成功（precarious success）和失败（failure）（pp. 352-356）。他认为有14个指标可以作为评判政策成功或失败的指标。在这些指标以及“计划”“执行”和“政治”这3个领域，可以观察到一定程度的成功或者失败。他进一步指出，一个领域的成功或失败可能与另一个领域的成功或失败有关（pp. 357-359）。

McConnell接下来将注意力转向研究政策失败。在一篇题为“What is Policy Failure? A Primer to Help Navigate the Maze”（McConnell，2015）的文章中，McConnell认为“失败很少是全部或完全的”（pp. 228），修改了对政策失败的定义（pp. 230）。他认为政策可能在“计划”“执行”和“政治”这3个领域失败，有13个指标可被视为评价政策失败的指标（pp. 233-235）。在这些指标以及“计划”“执行”和“政治”这3个领域中，可以观察到一定程度的政策失败。政策失败可以分为3种程度：总体失败=微不足道的成功（outright failure=marginal success）、争议性失败=争议性成功（conflicted failure=conflicted success）、可容忍的失败=有韧性的成功（tolerable failure=resilient success）。他进一步指出领域之间可能出现3种模式，即计划成功vs执行/政治失败、执行成功vs政治失败、政治成功vs计划失败（pp. 238）。

在后来的一篇名为“A Public Policy Approach to Understanding the Nature and Causes of Foreign Policy Failure”（McConnell，2016）的文章中，McConnell将他对政策失败的研究进一步扩展到对政策失败原因的研究。在前人研究的基础上，他以外交政策为例，在一个启发式的框架中总结和分析了政策失败的潜在原因，即包含3个维度：个体维度、制度/政策维度、社会维度（pp. 678）。McConnell承认，这些“不同的维度并不是相互排斥的，但框架至少允许我们对一系列（政策失败原因）的元素进行排序，以促进更深层次的理解并方便后续研究操作”（pp. 677）。

McConnell的研究被一些学者所应用，但也受到了一定程度的质疑。例如，Rutter 等（2012）基于 McConnell（2010b）对政策成功的理解，研究了美国过去 30 年的 6 个政策案例，并探讨了政策成功背后的 7 个共同因素。Rutter 等承认，一项成功的政策应该具有高度的适应性和弹性。但是，只有当一个有争议的问题成为一种可接受的规范时，一项政策才被认为是成功的，这一点与 McConnell 对政治成功的看法不同。Gray（2011：48–49）回顾了 McConnell 的 *Understanding Policy Success：Rethinking Public Policy* 这本著作，认为 McConnell 框架中采用的简单的政策周期方法存在缺陷，僵化的风格和基于矩阵的框架"不足以确定是否取得了成功"。尽管存在这些疑问，McConnell 的研究为详细而深入地评估一项政策提供了一个工具。表 2.1 按时间顺序列举了 McConnell 关于政策成功和政策失败的主要文献和主要发现。下一节具体介绍了 McConnell 对政策成功和失败的定义、对政策成功和失败程度的界定、提出的政策评估框架以及对政策失败原因的解释。

表 2.1 按时间顺序对 McConnell 主要文献的总结

文献名称	作者和年份	研究重点	定义	政策成功和失败的程度
"Towards a Framework for Establishment Policy Success"	Marsh 和 McConnell（2010）	政策成功	政策成功	
Understanding Policy Success：Rethinking Public Policy	McConnell（2010b）	政策成功	政策成功	• 政策成功（policy success） • 持久的成功（durable success） • 争议性的成功（conflict success） • 不稳固的成功（precarious success） • 政策失败（policy failure）
"Policy Success, Policy Failure and Grey Areas In-Between"	McConnell（2010a）	政策成功和失败的中间地带	政策成功和失败	• 成功（success） • 有韧性的成功（resilient success） • 争议性的成功（conflicted success） • 不稳固的成功（precarious success） • 失败（failure）

续表

文献名称	作者和年份	研究重点	定义	政策成功和失败的程度
"What is Policy Failure? A Primer to Help Navigate the Maze"	McConnell (2015)	政策失败	政策失败	• 总体失败=微不足道的成功（outright failure=marginal success） • 争议性失败=争议性成功（conflicted failure=conflicted success） • 可容忍的失败=有韧性的成功（tolerable failure=resilient success）
"A Public Policy Approach to Understanding the Nature and Causes of Foreign Policy Failure"	McConnell (2016)	政策失败的原因		

资料来源：Marsh 和 McConnell（2010）；McConnell（2010b，2010a，2015，2016）。

注：本书的研究基础是 McConnell 的政策评估框架（McConnell，2015）以及他对政策成功和失败原因的解释（McConnell，2016）。

第二节　McConnell 的政策评估框架

本节介绍了 McConnell 的政策评估框架。首先介绍了他对政策成功和失败的定义，其次介绍了如何衡量政策成功或失败的程度，最后介绍了 McConnell 的政策评价框架及其对政策失败原因的解释。

一、定义政策成功和失败

一些文献将政策成功和失败视为"纯粹构建的或基于理解的"（Howlett，2012：542）。例如，Bovens 和 Hart（2016：654）指出："成功和失败不是政策的固有属性，而是利益相关者和观察者使用的标签。它们被构建、被宣布和被争论。显然，标签的过程不一定是基于证据的。"然而，政策成功和失败也被认为是"对切实存在的事务状态作出的判断"（Howlett，2012：542）。

这是政策科学中关于如何理解政策成功和失败的争论。换句话说，到底是什么构成了政策失败（Grant，2009）。

McConnell（2010a）认为，衡量成功或失败没有普适性的基准，这始终是主观还是客观的问题，例如反对派政治家几乎总是想把政府的政策描述为失败的。然而，McConnell 认为，对政策成功和失败的定义应该在基础主义和反基础主义之间取得平衡，并基于两个“可视”的指标，即政策是否从根本上达到了倡导者设定的目标、支持或反对的存在。作为政策成功的镜像，政策失败被定义为：

> 一项政策如果没有从根本上实现倡导者设定的目标，而且反对声音很大，或者几乎不存在支持，那么即使在某些微小的方面取得了成功，也是失败的（McConnell，2015：230）。

McConnell 对政策成败的定义基于两个“可视”的指标，即政策目标是否实现和是否存在反对或支持。首先，通过衡量政策目标是否实现来判断政策的成功或者失败，而不用一定的价值取向来标记政策成功或者失败。例如，当一个政府实现了它的政策目标，政策就被认为是成功的，而不去评估政策目标是否可取。其次，公众对公共政策的理解存在差异。无论政策效果如何，公众对政策的认可或不认可都会转化为对政策的支持或反对。虽然这基于公众的主观意志，但却是可以客观衡量的。

二、衡量政策成功或失败的程度

McConnell（2010a，2015）认为，没有绝对的政策成功或失败，即使是“政策惨败”也可能有微小的成功和“灰色地带”，政策结果不是“非此即彼”的。政策失败是“程度问题，而成功则点缀其中”（McConnell，2015：236）。因此，他将政策失败分为以下 3 个等级：总体失败 = 微不足道的成功、争议性失败 = 争议性成功、可容忍的失败 = 有韧性的成功。

三、McConnell 的政策评估框架

McConnell（2015）区分了“计划”“执行”和“政治”这 3 个领域的成功和失败：计划是指政策制定的过程，包括议程设置、政策方案形成和政策方案采纳；执行是指政策实施的过程；政治是指政策的政治影响。这 3 个领域之间相互关联且相互影响：有些失败是可以挽回的，而有些则不能，甚至“某些领域的失败实际上可能是其他领域成功的结果”（McConnell，2015：237）。

McConnell 政策评估框架共有 13 项指标，分布在 3 个领域，其中包括 4 项“计划”领域的指标，5 项“执行”领域的指标，以及 4 项“政治”领域的指标（见表 2. 2）。所有 13 项指标都可以独立判断以下两点：一项政策是否达到了倡导者设定的目标；是否存在反对或支持。因此，一定程度的成功和失败（总体失败=微不足道的成功、争议性失败=争议性成功、可容忍的失败=有韧性的成功）在每个指标中都可以观察到。某一领域中指标的集合可综合判断某一领域的成功或失败，3 个领域的集合可综合判断政策整体的成功或失败。

表 2. 2　McConnell 的政策评估框架

领域	序号	指标
计划	1	政策目标和政策工具的留存度
	2	确保合法性
	3	建立可持续的政策联盟
	4	获取计划领域的支持
执行	5	政策实施符合政策目标
	6	政策实施取得了预期效果
	7	使目标群体受益
	8	满足政策评估领域高度重视的指标
	9	获取执行领域的支持

续表

领域	序号	指标
政治	10	提升选举前景和声誉
	11	让政府治理变得容易
	12	促进国家战略目标
	13	为政府提供政治利益

资料来源：McConnell（2015：233-235）。

McConnell 的政策评估框架为深入研究公共政策中至关重要的问题提供了基础。该框架可用于评估各层级政府内部、部门之间的任何政策和项目的制定、执行和政治影响，有助于描述成功或失败的程度（总体的、争议性的以及可容忍的），帮助探索政策制定、实施和政治影响之间不可分割的联系。诸如“政策制定的总体失败是否会导致政策执行的总体失败”或“政策制定的总体失败是否会产生严重的政治影响（总体失败）”等问题，即可根据此框架进行调查（McConnell，2015）。该框架有助于研究政策成功或失败的个体案例以及案例之间的互动，从而将研究结果纳入框架式分析类别（“计划”“执行”和“政治”）并进行框架式的比较（总体的、争议性的以及可容忍的）。

四、政策成功或失败的原因

政策失败更能引起公众关注，促进政策学习。迄今为止，许多相关文献混淆了政策成功和失败的表象和原因，而这是有根本性区别的。McConnell 区分了“如果政策失败可以观察到什么”和“导致这种失败的原因”。McConnell（2016）将政策失败的原因分为三个维度和两个视角，即以个体行动者为中心的维度、以制度/政策过程为中心的维度和以社会为中心的维度；不支持（不同情）和支持（同情）的视角（见表 2.3）。虽然这个框架没有给出因果关系的明确答案，但它有助于系统地分析政策失败的原因。此外，政策失败是政策成功的一面镜子，因此我们也可以通过观察政策失败的原因反推出可能促使政策成功的因素。

表 2.3　政策失败的原因

维度	视角	
	不同情	同情
以个体行动者为中心的维度	不计后果的自利； 刻意培养失败； 疏忽； 无能	缺乏良好的判断能力； 操作失误； 坏运气
以制度/政策过程为中心的维度	机构自身利益； 制度傲慢； 盲点； 作出良好决策的能力较弱	稳定的制度和过程，虽然存在较小的不足
以社会为中心的维度	社会价值观和权力结构的缺陷导致决策的偏差和不可避免的失败	社会价值观和权力结构是好的，但有轻微的偏离

资料来源：McConnell（2015：678）。

第三节　作为理论基础的政策评估框架

本节基于 McConnell（2015）提出的政策评估框架和 McConnell（2016）对政策失败原因的解释，阐述了为什么选择该框架作为本研究的理论基础。

首先，McConnell 定义了政策成功和失败，并在他的框架中提出了必要的指标体系以帮助判断和评估。指标是指“作为比较基础的尺度”（Vedung，2017：64-65），但是目前已知的政策评估框架不包括评估政策成功或失败的明确指标体系。

其次，McConnell 的框架是一个系统的、整体的框架，符合当前政策评估的新趋势（Alkin，2012；Lemire 等，2020）：应融合评估树中的方法分支（系统性思考）、使用分支（利益相关者参与）和价值分支（政策的“优点”和“价值”）。从这个意义上说，一方面，McConnell 的框架系统地体现了评估树中必需的评估组件，并促进了对这些领域之间的联系和相互作用的整体评估；另一方面，McConnell 的框架强调了利益相关者参与评估过程的潜在效用，因为他对政策成功或失败的定义基于政策目标群体（可以广泛地认为是利益相关者）的支持或反对。最后，McConnell 在他的框架中纳入了“满足政策评估领域高度重视的指标”（指标 8），以试图对公共政策进行价值判断（McConnell，2010b：48）。因此，McConnell 的框架符合当前公共政策评估的新趋势，为选择该框架作为本研究的理论基础提供了进一步的支持。

McConnell 的框架是本研究的基础。然而，这一框架还没有经过彻底的检验，尤其是在中国场景之下。与中国的政治制度相比，McConnell 的框架隐含的假设基于不同的背景、传统和制度规则。例如，中国的政策制定过程可能不像西方国家那样涉及大规模的公众参与（Horsley，2009），政策的合法性过程也截然不同。考虑到这种复杂性，McConnell 的框架需要在中国进行检验。本书针对农村环境综合整治政策，以在中国农村实施的生活垃圾和生活污水处理项目作为案例，探索 McConnell 的框架在中国场景下的应用，并为如何提高中国农村环境政策的有效性提供见解。

第三章　研究路径和研究方法

第二章回顾了政策成功与政策失败的相关文献，将 McConnell 的框架视为评估中国环境政策的理论基础。本书的研究目的是探索 McConnell 框架在中国场景下的应用，评估农村环境综合整治项目的相对成功或失败，以及探究政策成功或失败的原因。为了更好地实现研究目的，需要设计有效的研究路径，使用科学的研究方法。

本章介绍本书的研究路径和研究方法。第一节介绍了研究路径，即对本研究应用的方法论进行了概述。在方法论的基础上，第二节介绍了具体的研究方法，包括如何收集和分析数据等。

第一节　研究路径

McConnell（2015）提出了一个评估政策成功或失败的框架，为中国环境政策评估提供了基础，但尚未在中国的背景下得到检验。因此，本研究本身就是对该框架在中国背景下应用的探索，并希望对该框架的进一步发展作出贡献。

本研究采用了一种综合的方法，融合了 3 种方法论，包括自适应学习、案例研究和三角互证法。每种方法论都是相互补充的，其中也使用了相关定性和定量的手段。这 3 种方法论都旨在为实现本书的研究目的提供有效的信息。

一、自适应学习

自适应学习被广泛用于提高公共部门的学习成果和促进公共政策部门的知识交流，以更好帮助决策者制定政策、科学决策（Tyre 和 Von Hippel，1997；Reed 等，2006；Tseng 等，2008）。本书通过自适应学习的方式来探索 McConnell 的框架，具体步骤如下：初步理解；测试和重新认知；再次测试并完善。这些步骤的实施旨在形成一个适用于中国的、经过改进的环境政策评估框架。

在本研究中，自适应学习中的第一步“初步理解”是在中国场景下，从理论的角度评估 McConnell 的框架，目的是为进一步检验和修订 McConnell 的框架奠定理论基础。接下来的步骤“测试和重新认知”和“再次测试并完善”，即针对农村环境综合整治项目，根据新发现的知识，分两个阶段测试并改进 McConnell 的框架。两个阶段选择的案例类型不同，每个阶段涉及两个案例研究。

第一阶段是评估经过理论检验和初步修改后的 McConnell 框架，目的是了解 McConnell 的评估指标在第一类案例中的适用性。基于第一阶段的研究结果，第二阶段将进一步检验 McConnell 的评估指标在第二类案例中的适用性，并通过此框架更深入地判断政策成功或失败，以及分析政策成功或失败的原因。这两阶段的实证研究结果为我们理解 McConnell 的框架提供了更深入的见解，使其可以在中国或类似场景下得到进一步的发展和应用。

二、案例研究

McConnell 的框架是一个半成品。它提出了探索、解释和评估政策成败的基础。本研究在复杂的社会、经济和政治背景下检验并发展新的知识，而案例研究适用于这种类型的政策评估研究（Baxter 和 Jack，2008）。“案例研究是在许多领域进行的一种调查设计，尤其是评估领域。研究人员对案例进行深入分析，通常针对一个项目、事件、活动、过程，一个或多个个体。”（Creswell，2014：43）案例研究可以帮助我们更深刻地理解公共政策的运行机制和效果。

三、三角互证法

本研究使用三角互证法以提高数据的有效性并规避研究结果的潜在偏差。三角互证法是“验证实证社会研究程序和结果的策略”（Flick，2004：178）。一方面，本研究应用“数据三角互证”的方法（Denzin 和 Lincoln，2017），相应的数据应“来自不同的数据源，不同的时间，不同的地点或不同的人物”（Flick，2004：178）。另一方面，我们认为仅仅基于 McConnell 框架对一项环境政策进行评估，结果可能是无效的，因此，我们采用了两种互补的方法对评估结果进行比较：①将 McConnell 框架与 MEE 框架（独立第三方）的结果进行比较；②将 McConnell 框架、MEE 框架（独立第三方）与使用 MEE 框架（政府部门）的评价结果进行比较。这些互补的比较方法有助于为 McConnell 框架的进一步发展提供有用的信息。

四、研究路径

本研究融合了 3 种不同的方法论：自适应学习、案例研究和三角互证法。基于此，本研究主要包括以下组成部分：对 McConnell 框架进行理论评估，为进一步测试和潜在的修订提供必要的条件；通过多个案例来测试和改进框架；从多个来源收集和分析数据，为自适应学习提供信息。

第二节　研究方法

一、焦点小组

“焦点小组是由 4～12 人组成的半结构化讨论，旨在探讨一系列特定问题。”（Tong 等，2007：351）由于 McConnell（2010a，2010b，2015）没有明确说明其政策评估框架中的指标 8（满足政策评估领域高度重视的指标，见表 2.2）包含的内容，因此在自适应学习方法论的第一步，即“初步理解”的理论评估阶段之前，我们首先使用了焦点小组来补充文献综述，以便确定中国公共政策领域高度重视的评估指标。为此，我们邀请了 5 名公共政策和行政管理领域的专业人士，包括 3 名学者和 2 名地方政府官员进行焦点小组讨论。他们熟悉中国的政策流程，可以提供翔实的见解。在讨论之前，我们向这些专业人员提供了有关信息，包括一系列评价公共政策指标的学术资料。在讨论中，他们被问到：在中国场景下，你认为评价公共政策最重要的指标是什么？为什么？每位专业人士都回答了这个问题，我们根据他们的回答拟定了一个指标的初步清单。最后，专业人士对初步清单进行了公开讨论，就他们认为最重要的指标达成了共识（详见第四章第一节）。

二、案例设定

有效性是社会科学研究重点关注的问题，尤其需要考虑案例背景环境的差异性对研究有效性的影响。首先，由于政策过程信息获取难度较大，应确保研究人员可以获得有效的数据。其次，中国幅员辽阔，收集数据所需的人力资源等方面的限制也会影响信息的获取。最后，不同区域之间的差异，可能对政策过程和政策评估结果产生很大的影响（Sabatier，1991），例如自然环境和地理差异、经济条件差异、人口差异和文化差异都可能造成影响。为了更大程度消除上述局限性，本研究选择了 X 省和 Y 省的农村地区为研究区域，选取的具体案例在地理上彼此靠近，有着相似的政治和文化背景，但也存在足够的差异，例如经济条件的差异。这种差异可以丰富研究的结论。

定性抽样过程不需要是随机的，而是可以有目的地选择一组参与者和地点（Creswell，2014）。我们在两处研究区域有目的地选择了 4 个案例（第一阶段为案例 1 和案例 2，第二阶段为案例 3 和案例 4）。第一阶段的案例 1 在 X 省，案例 2 在 Y 省。这两个案例都实施了农村生活垃圾处理项目，决策过程发生在乡镇一级。第二阶段的案例 3 和案例 4 都在 X 省，这两个案例都实施了农村生活污水处理项目，其中案例 3 中的决策过程发生在村一级，案例 4 中的决策过程发生在县一级。第二阶段选取不同的项目类型和差异化的决策层级丰富了研究内容，并有助于检验 McConnell 框架在不同类型的项目和行政层级的潜在应用。

三、研究参与者抽样

研究参与者来自两个群体：①地方官员；②村民。地方官员指农村环境综合整治项目方案的架构师，负责项目的设计或实施，如县政府和有关部门负责人、乡镇政府负责人、村民委员会主任和村党支部书记等。他们对政策的制定、执行过程和政策结果有全面的了解，因此被选为参与者。村民指常驻村中但并非村干部的群体，如社区领袖、农民以及其他可能了解政策的人。他们是农村环境综合整治项目的目标群体，可以帮助研究者了解相关政策方案的目标群体诉求以及政策制定和实施过程中重要利益相关者的参与情况。他们在政策过程中的经验、知识和见解可以为本研究提供丰富的信息。

研究采用滚雪球的抽样策略选择参与者（Flick，2009；Patton，2014）。滚雪球抽样是一种像滚雪球那样凭借自然形成的人际关系网由少到多、逐级扩大的抽样方法。我们首先接触案例中负责农村环境综合整治项目的地方官员和社区领袖，通过他们获取下列信息：合作的主要政府部门、政策方案的制定者和实施者，以及受政策方案影响最大的群体。访谈上述人群引领我们对更多的地方官员和村民进行了识别和抽样。

研究者和参与者通过面对面访谈的方式接触。根据经验，定性研究的可控样本量通常在 50 以下（Ritchie 等，2013）。在本研究的 4 个案例中，共有 27 名地方官员和村民参与访谈。

四、受访者描述

“关键的人口变量可能会影响受访者对研究主题的看法。”（Bricki 和 Green，2007：10）在 4 个案例研究中，研究者考虑了受访者的人口统计变量，即性别、职业、年龄和民族。值得注意的是，与男性相比，女性在地方政府中的代表性不足（吴伟，2012），在农村社区中有时甚至被边缘化（胡业方，2017）。本研究中，作为关键受访者的政府官员、村干部和社区领袖，如村党支部书记、村民代表，大多数是男性，仅有少数女性被确定为这项研究的参与者，但女性仍然是平衡研究观点的重要参与者。

（一）受访者：第一阶段（案例 1 和案例 2）

第一阶段选取 11 名受访者，其中包括案例 1 中的 5 人、案例 2 中的 6 人。表 3.1 显示了受访者的人口统计数据。11 名受访者中，50 岁以上的有 2 人，女性 2 人，汉族 7 人，蒙古族 4 人。

表 3.1　案例 1 和案例 2 的受访者

案例	地点	职位	数量	年龄	性别	民族	代码
1	V1 村	党支部书记	1	4	M	M	1VS
		村长	1	3	M	H	1VC
		村民	1	4	M	M	1FR
		村民代表	2	3	M	H	1VR
2	T2 乡	副乡长	1	2	M	H	2HT
	V2 村	党支部书记	1	4	M	H	2VS
		村民代表	1	4	M	H	2VR
		当地商业领袖	1	2	M	H	2BR
		清洁工	2	3	F	M	2SC

注：年龄：1=20~29 岁，2=30~39 岁，3=40~49 岁，4=50~59 岁，5=60~69 岁。性别：M=男性，F=女性。民族：H=汉族，M=蒙古族。

（二）受访者：第二阶段（案例 3 和案例 4）

第二阶段选取 16 名受访者，其中包括案例 3 中的 7 人、案例 4 中的 9 人。表 3.2 显示了受访者的人口统计数据。16 名受访者中，50 岁以上的有 4 人，女性 2 人，汉族 11 人，蒙古族 5 人。

表 3.2　案例 3 和案例 4 的受访者

案例	地点	职位	数量	年龄	性别	民族	代码
3	DS3 区	区农牧业局局长	1	3	M	H	3DA
	T3 乡	副乡长	1	3	M	H	3HT
	V3 村	村党支部书记	1	2	M	M	3VS
		村民	2	4	F/M	M/H	3FR
		村民代表	2	4/5	M/F	H	3VR
4	CT4 县	县生态环境局局长	1	4	M	H	4DE
		县生态环境保护综合行政执法大队副大队长	1	2	M	H	4CE
		县住房和城乡建设局城乡建设股主任	1	2	M	M	4DR
	T4 乡	乡武装部部长，同时负责乡生态环境事务	1	2	M	H	4DA
	V4 村	村党支部书记	1	3	M	H	4VS
		村民	2	4	M	H/M	4FR
		村民代表	2	4/5	M	H	4VR

注：年龄：1=20~29 岁，2=30~39 岁，3=40~49 岁，4=50~59 岁，5=60~69 岁。性别：M=男性，F=女性。民族：H=汉族，M=蒙古族。

五、资料收集

鉴于农村废弃物政策的复杂性，需要全面的信息来回答研究问题，因此定量和定性数据都是必要的。定量数据通过地方政府（包括村民委员会）的公开文件收集。这些行政单位有政策实施实际产出的数据，如项目资金使用情况和垃圾收集点的数量等。定性信息通过以下方式收集：公共文件，如报纸、官方报告、会议发言；作为观测者使用观测方案进行观测（在观测期间进行现场记录）；定性的视听材料，如照片等。

实证数据也通过面对面的深度访谈获得，采用半结构化问卷。每次采访的时间在 40~120 分钟，采访过程中使用了录音。访谈的数量由信息饱和度决定（Charmaz，2006），当信息饱和时，不再进行访谈。访谈问卷和访谈问题见附录 B。

根据三角互证法，本研究还采用了 MEE 框架（见附录 A）用以比较评估结果。MEE 框架提供了一套评估指标，用于评估“任务完成情况”和“环境整治效果”，其中每个指标的相对权重取决于该项目针对的污染类型。然而，MEE 框架没有提供对每个指标进行评分的详细规则，且此框架存在一定的缺陷（见第一章第三节），因此，研究者按照项目类型对 MEE 框架细则进行了修订，剔除了不合理项目以确保评估框架的有效性，并开发了相应的方法作为判断指标的依据。

附录 C 给出了案例 1 和案例 2（第一阶段）中使用的修订后的 MEE 框架。其中包括来自原评估框架、与评估生活垃圾项目相关的指标，以及为评估这些指标而开发的相对应方法。附录 D 给出了案例 3 和案例 4（第二阶段）中使用的修订后的 MEE 框架。其中包括来自原评估框架、与评估生活污水项目相关的指标，以及为评估这些指标而开发的相对应方法。

六、资料分析

本书采用主题编码（thematic coding）对定性信息进行编码。根据 McConnell 的框架、文献综述和案例研究得出的信息，研究者区分了预定编码（predetermined codes）和新出现编码（emerging codes）。编码体现的主题、具体的叙述和所在文本的上下文信息被相互关联和比对，以确定编码的含义。从最初的定性探索性数据中集中获得的数据随后被构建为定量指标，以方便分析。

（一）评估 McConnell 的框架

在本研究中，首先通过理论评估确定了 McConnell 框架中的评估指标是否适用于中国。根据评估结果，我们将指标分为 3 类，即支持、不明确和不支持。这些指标在随后进行的案例研究中将得到进一步检验。

在理论评估的基础上，我们开发了一系列“适用程度”的分类和判断标准，用来判断某个评估指标在多大程度上可适用于中国场景。表 3. 3 显示了这种分类和判断标准。需要注意的是，根据每个阶段案例研究的发现和对评估指标的深入理解，指标可能会在类别之间移动。

表 3.3 McConnell 框架指标的适用程度分类及其判断标准

适用程度	判断标准
明确适用	访谈和文献均有力地支持了该指标在中国场景下的应用
部分适用	部分指标适用于中国场景或适用于某些情况
潜在适用	访谈没有明确说明但却提供了该指标适用的潜在线索，同时文献也强烈支持其在中国场景下的应用
可能适用	访谈倾向于不支持该指标，但基于理论，该指标可能适用于中国场景
可能不适用	访谈倾向于不支持该指标，文献也不支持或没有明确说明该指标在中国场景下的适用性
不适用	访谈和文献并不支持该指标在中国场景下的应用

根据研究结果，我们进一步提出了对评估指标的修改建议。修改建议分为以下几类：指标的定义范围变更；将指标拆分，并相应加权；添加新指标；不保留指标。

（二）衡量政策成功或失败

McConnell 框架可以用来评估政策成功或失败。McConnell 给出了评估某一指标的指南（McConnell，2015：233－235），并将政策的成功或失败分为 3 个类别，即总体失败＝微不足道的成功、争议性失败＝争议性成功、可容忍的失败＝有韧性的成功。

然而，McConnell 并没有开发出一套方法来衡量每个领域（计划、执行和政治）的成功或失败，也没有说明如何基于每个领域的成功或失败来衡量政策方案整体的成功或失败，以及每个评估指标和领域的权重如何。

为了填补这一空白，我们提出了一个有序的、五分制的量表来衡量不同程度的成功和失败。这个量表可以用于表示某个单一指标和某个领域在“绝对失败”（1 分）到“绝对成功”（5 分）范围内的得分，即绝对失败＝1；总体失败＝微不足道的成功＝2；争议性失败＝争议性成功＝3；可容忍的失败＝

有韧性的成功=4；绝对成功=5。这种方法便于以结构化的方式进一步比较和分析案例，具体应用如下：

- 基于上述量表，将每个案例中每个评估指标的成功或失败程度量化。如果某一特定指标的结果不明确，则不包括在计算中。

- 将每个案例中单一领域包含的评估指标分数加总，然后计算平均值，以衡量该领域的成功或失败程度。所有评估指标都被赋予相同的权重。使用平均值是因为"计划"领域比"执行"和"政治"领域包含更多的指标，因此如果简单使用加法，"计划"领域的得分总是更高。

- 在这项研究中，2~4 分的平均值被四舍五入到最接近的整数。例如，2.7 分将被四舍五入到 3 分。然而，如果有小的成功，一个领域不会被认为是"绝对失败"，如果有小的失败，一个领域也不会被认为是"绝对成功"。因此，平均值在 1~2 分的将被四舍五入到 2 分，而平均值在 4~5 分的将被四舍五入到 4 分。

- 与确定领域的得分类似，整个政策方案的成功或失败程度可以通过平均 3 个领域的得分来确定，且每个领域都被赋予相同的权重。

七、写作伦理

遵守人类伦理（human ethics）是涉及人类参与者的研究的基本要求（Lofland 和 Lofland，2006）。本研究的任何书面或口头陈述都不会包括任何可以识别特定个人的数据，也不会包括有关特定村庄的地理和人口信息，以保护研究的参与者。每个参与者和案例研究地点都被分配了一个受访者代码（见表 3.1 和表 3.2）。所有来自个人访谈的引用都会使用受访者代码。

研究人员亲自联系受访者。研究人员首先向受访者说明研究的目的和参与者的权利，并向参与者发放一份相关说明。如果他们打算参与访谈，就需要签署一份同意书。签署的同意书和数据将被妥善保存，只有研究人员可以访问这些数据。面对面访谈在参与者允许的情况下录制录音。在采访结束时，参与者有机会提出任何问题和质疑。

第三节　小结

本章介绍了用于探索一个未经测试的政策评估框架所开发的方法。本研究采用了一种综合的方法，融合了三种方法论：自适应学习、案例研究和三角互证。与此同时，本研究开发并使用了一系列的技术以收集和分析定性和定量的数据。根据本章设定的研究路径，下一章将从理论角度对 McConnell 框架在中国场景下的应用进行初步的评估。

第四章　对 McConnell 框架的理论评估

本研究试图使用 McConnell（2015）框架来评估中国的环境政策，然而，McConnell 的框架是否适合中国场景存在疑问，因此需要对其进行检验，即首先通过理论评估，其次对其进行实证检验。

本章重点回答如下问题：关于 McConnell 框架中的指标在中国场景下的应用，文献告诉了我们什么？这是自适应学习的第一步，也是本研究应用的三角互证法的一部分。本章首先对 McConnell 框架使用的评估指标进行了文献回顾和评估。在文献的基础上，讨论了对该框架的改进，使其可能被应用于评估中国的环境政策。基于上述改进，我们同时开发了一个用于衡量各领域（计划、执行和政治）中每个指标成功和失败程度的指南。最后，我们简要回顾了中国场景下政策失败的可能原因。

第一节　理论评估 McConnell 框架及其指标体系

基于中国的政治背景和政策过程，本节对 McConnell（2015）框架使用的 13 个指标进行了理论回顾和评估。我们使用一个固定的方式来呈现每个指标的理论评估结果，即①McConnell 的指标；②文献综述、发现及启示。

一、指标 1：政策目标和政策工具的留存度

（一）McConnell 的指标

McConnell（2015：233）提出了“政策目标和政策工具的留存度”这一

指标来判断政策的成功或失败。从政策制定者的角度来看，在政策采纳的过程中，政策建议、草案或方案会被仔细审查。如果最后的决议保留了某一政策建议、草案或方案倡导者的核心观点和政策工具，则政策制定过程就被认为是成功的（McConnell，2010b）。该指标针对政策采纳过程，并使用政策建议、草案或方案与最终蓝图之间的变化程度作为评估的基准。

（二）文献综述、发现及启示

政策建议、草案或方案可以被拒绝、修改或采纳（Anderson，2003）。政策采纳程序遵循立法机关或政府机构规定的合法程序。这一过程的参与者包括政党、政府官员、利益集团、公众和专家等利益相关者，他们都可能会影响政策建议的采纳（Anderson，2003）。在政策采纳的过程中，公众有可能会获取有关信息，从中了解为什么政策建议、草案或方案被拒绝、修改或采纳，以及这个过程中发生了什么。

在中国，政策建议、草案或方案会被评估和论证，并可能被拒绝、修改或采纳。这个过程通常发生在立法机关或者政府机构，并通过既定的审议程序进行。但决策往往由政治精英在相关会议上通过集体讨论作出（胡伟，1998），公众可能不知道政策建议、草案或方案和被批准的最终蓝图之间是否存在任何变化；如果存在，变化又是什么（陈玲等，2010）。因此，指标 1 可能不适用于中国场景。

二、指标 2：确保合法性

（一）McConnell 的指标

McConnell（2015：233）提出了“确保合法性”的指标来判断政策的成功或失败，因为“政策的失败可能包括其制定过程的不合法”（McConnell，2015：236）。McConnell 认为指标 2 的重点在于“政策制定过程”的合法性。

（二）文献综述、发现及启示

政策合法性基于政策的合法化过程。政策合法化是政策制定过程的一个重要阶段（张金马，1992；陈振明，2004）。在中国，有多种方法可以使政策合法化。首先，在政策合法化过程中，有时人格化权力结构在发挥作用，例如克里斯玛（即超凡魅力领袖）型统治就属于一种较为典型的人格化权力结构，其权力来源于对克里斯玛的情绪化效忠（裴泽庆，2009）。其次，人民代表大会是使政策或者法律合法化的权威机构（中国人大网，2013）。最后，更常见的是，政策和自上而下的计划是通过行政机构制定和管理的，而不是通过法律颁布的（Johnson，2017）。在西方的政治制度中，“立法机关作出的政策决定才通常被认为是合法的”（Anderson，2003：119）。根据我国 2019 年出台的《重大行政决策程序暂行条例》，政策合法化过程包括必要的规范且遵循一定的程序，但这些规范和程序可以在行政机构内部完成（国务院，2019）。这意味着我国的政策合法化过程不一定像西方议会制那样发生在立法机关中（陈振明，2004）。在我国，行政机构首长有权批准和颁布政策。当然，在行政首长批准和颁布政策之前，行政机构的法制办公室可以对政策方案进行合法性审查以供参考（陈振明，2004）。尤其是重大问题，必须经法制办公室审议，并由政府常务委员会会议或全体会议讨论决定（国务院，2019）。上述做法被认为是政府系统中的政策合法化过程（陈振明，2004）。然而，我国公众对政策合法化的过程却很少关注，胡伟（1998：251）认为：

> 在当代中国，相对于政策议程的建立和政策规划，政策合法化是较次要的环节。之所以如此，并不是因为政策合法化本身不重要，而是由于中国的政策合法化通常只是一种形式，且社会公众对于这种形式也并不看重。在决策过程中，政策议程的建立和政策规划是更为实质的阶段，只要这两个环节得以落实，政策合法化是水到渠成的事。

在中国，公众可能更关注政策内容或者行政行为。由于政策合法化过程通常发生在行政机构内部，此过程往往并不透明且缺乏公众的参与（黄大熹和汪小峰，2007），因此公众可能不知道政策制定过程是否符合法律或规范（刘善堂，2004）。然而，当政策由于利益分配不均、管理效率低下或严重的利益冲突而失去公众的认可时，就可能会引发所谓的“合法性危机”（黄仁宗，2012）。例如，建设可能对当地居民产生严重负面影响的工厂和设施往往会引起“邻避效应”并引发公众的抵触。例如，天津市蓟州区的垃圾焚烧发电厂项目，就有公众担心环境影响评价（EIA）过程的缺失或不规范（何林璘，2016）。换句话说，“确保合法性”是评估公共政策成功或失败的重要考量，尤其是当某一政策的政策内容或者行政行为可能失去公众认可的时候。

综上所述，我们认为指标 2 可能适用于中国，这一结论得到文献的支持。然而，Anderson（2003：119-120）指出，“合法性受到如何做某事（即是否使用适当的程序）和正在做什么两方面因素的影响”。因此，“合法性”不仅指政策制定过程是否符合法律或规则，还针对政策内容或行政机构行为本身。这种广义的解释可能最适用于中国。

三、指标 3：建立可持续的政策联盟

（一）McConnell 的指标

McConnell（2015：233）提出了“建立可持续的政策联盟”这个指标来判断政策的成功或失败。“从政策制定者和政策支持者的角度来看，一个成功的政策制定过程可以建立起可持续的政策联盟，因为政策获得正式批准是一个关键性目标，而支持特定政策建议的强大联盟可以被描述为政策成功的基础。”（McConnell，2010b：44）McConnell 认为，在政策的利益相关者之间建立可持续的联盟有助于政策获得批准，且这被认为是一种成功。

（二）文献综述、发现及启示

“联盟是暂时的、以手段为导向的、目标不同的个人或群体之间的同盟。”（Gamson，1961：374）在公共政策领域，学者们曾提出一系列理论来解释联盟的形成及其对政策变化的影响，如最小获胜联盟（minimal winning coalition）、联盟形成理论（coalition formation theory）和倡导联盟框架（advocacy coalition framework)(Riker, 1962; Sabatier 和 Jenkins-Smith, 1993)。联盟寻求将其信念或利益转化为政策，通过使用各种策略来影响决策者，从而获得联盟倾向的政策结果（Aksoy, 2010; Nelson 和 Yackee, 2012)。

然而，“什么构成可持续的联盟远不是一门精确的科学”(McConnell, 2010b: 44)，但建立联盟的能力受到制度安排的限制制约（Schermann 和 Ennser-Jedenastik, 2014)。制度安排，尤其是参与规则，塑造了利益相关者对政策制定过程的影响（Nabatchi, 2012; Bryson 等, 2013; Fung, 2015)。因此，可以从参与规则中判断是否存在有利于联盟形成的条件，并根据利益相关者在决策过程中的作用来推断联盟对决策的影响。

参与规则被定义为“参与者对强制性规定的共同理解，即哪些行动（或结果）是必需的、被禁止的或被允许的”(Ostrom, 2005: 18)。在参与规则中，边界规则、选择规则、聚合规则和信息规则塑造了利益相关者对行政决策的影响（Fung, 2006; Baldwin, 2019)。具体来说，边界规则决定了利益相关者进入或退出某个职位的资格（Ostrom, 2005)。选择并决定谁可以成为参与者是“任何决策机构的主要职能”(Fung, 2006: 67)。选择规则规定了“占据职位的参与者必须做什么，不能做什么，或者可以做什么”(Ostrom, 2005: 200)。聚合规则规定了参与者之间的互动影响决策的根本机制（Ostrom, 2005: 200)。例如，公众可能没有能力影响决策过程，或者没有权力进行决策（Nabatchi, 2012)。最后，信息规则塑造了信息的流动方式，并影响了参与者获取信息的能力（Ostrom, 2005)。

以上述论述为基础，我们查阅了相关文献，发现对公共行政领域联盟形成的研究一直不是中国学者关注的重点。一些研究人员使用倡导联盟框架来解释联盟如何在扶贫政策、体育政策和环境政策等领域获得其倾向的政策结果（洪宇, 2014; 王洛忠和李奕璇, 2016; 贾文彤, 2018; 李金龙和王英伟, 2018; 李递等, 2019) 。然而，大多数文献描述了政策的变迁，但没有发现有意义的实证研究清楚地说明了联盟是如何形成的，以及在政策制定过程中制度如何影响了联盟的形成。因此，标准 3 是否适用于中国场景需要进一步的研究，这一点在文献中既没有明确论述，也缺乏实证研究。

四、指标 4：获取计划领域的支持

（一）McConnell 的指标

McConnell（2015：233）提出了“获取计划领域的支持”这一指标来判断政策的成功或失败。这里的“计划”指的是政策制定的过程，包括议程设置、政策方案形成和政策方案采纳。McConnell 指出，广泛吸引利益相关者对政策制定过程的支持对政策制定者来说至关重要。如果政策制定过程获得的支持大于反对，就认为一项政策是成功的。

（二）文献综述、发现及启示

政府可能面临不支持其政策的利益相关者，这可能导致政策制定的失败。然而，在中国的政策制定过程（议程设置、政策方案形成和政策方案采纳）中获得广泛的支持并不是政策制定成功的必要条件。首先，政府议程可以在没有广泛利益相关者支持的情况下被设置。例如，在关门模式中，“没有公众议程的位置；议程的提出者是决策者自身，他们在决定议事日程时没有，或者认为没必要争取大众的支持”（王绍光，2006：88），而精英政治是关门模式的议程设置的典型特征（胡润忠，2013）。其次，胡伟（1998）发现公众很少被征求意见，对政策方案的影响力很小，因为很难找到参与政策方案形成的途径，且地方官员更愿意排除利益相关者，以使这一过程更快速且容易（Peters 和 Zhao，2017）。最后，在我国，公众影响政策采纳过程的能力有限（Brombal 等，2017）。当然，对于与公众利益密切相关或具有巨大影响的重大公共事项，可以邀请主要利益相关者参与决策并征求他们的意见。但是，也有人质疑公众可能无力对政策制定过程产生“从始至终”的影响，例如公众之间的互动未必可以完全转化为决策（Baldwin，2019）。

自 2002 年中国共产党第十六次全国代表大会以来，中国行政决策模式正在经历从管理主义模式到参与式治理模式的转变。公民越来越多地从被动参与公共政策的制定转向主动参与（王锡锌和章永乐，2010）。2019 年颁布的《重大行政决策程序暂行条例》也为公众参与重大行政决策提供了机会，并且进一步确保了参与的合法性（国务院，2019）。因此，吸引利益相关者对政策制定过程的支持可能对当今中国的决策者来说变得更加重要。综上所述，指标 4 可能适用于判断中国场景下的政策制定过程，这一点在文献中获得了支持。

五、指标 5：政策实施符合政策目标

（一）McConnell 的指标

McConnell（2015：233）提出了“政策实施符合政策目标”这一指标来判断政策的成功或失败。“这是一个经典的‘我们做了我们打算做的’衡量成功的指标”（McConnell，2010b：46），一项政策的实施与它的目标一致就被认为是成功的。

（二）文献综述、发现及启示

在中国，地方政府贯彻执行上级政府制定的政策（陈自芳，2011；汪锦军，2014）。地方政府在设计具体政策方案和实施政策方案的时候会结合本地的实际情况（陈庆云，1994），并且“地方政府对其政策行为、（潜在的）政策影响和经济考量拥有主要控制权，每个地方政府都在自己的权力范围内拥有一定的自主性”（Saich，2004：170）。因此，地方政府设计和实施的具体政策方案很可能在一定程度上偏离上级发起的政策目标，这被认为是一种政策失败。

首先，没有一个部门在中国能够主导跨部门的政策制定和执行。“碎片化”的官僚机构可能会营造一个相对宽松的政治环境，从而导致政策目标的偏离：不仅在国家层面上，在地方层面上也是如此。例如，2005—2009 年，在全国范围讨论的中国医疗改革计划中，有超过十个部委存在巨大的分歧（陈玲等，2010；Lieberthal 和 Lampton，2018）。官僚机构的碎片化加剧

了制度失衡，“在政策指令和实施之间加入了一个楔子”（Cai 和 Aoyama，2018：75）。

其次，地方行政机构的利益取向可能会影响政策的实施。中央政府根据地方实际情况赋予了地方政府一定程度的灵活性，以避免“一刀切”的形而上学的错误（陈庆云，1994；朱广忠和朴林，2001；丁煌，2003）。但实证研究表明，地方行政机构可能会优先考虑自己的经济和政治利益，以至于最后偏离了政策目标（方然，2009；赵静等，2013）。例如，为了保护当地的污染企业，有的地方行政机构可能会降低污染费，从而削弱环保政策的效果（鲍自然，2015）。

最后，地方政府可能缺乏经验，并缺乏专业人员和必要资源来实施政策方案（朱广忠和朴林，2001）。例如，对天津市 334 名部门主管的实证研究表明，地方决策者的知识、专业精神和经验都会严重影响他们在实施政策方案过程中的某些判断（朱旭峰和田君，2008）。因此，政策方案的实施可能与目标不一致，指标 5 可以用来判断政策方案在中国的实施情况，这一点在文献中获得了支持。

六、指标 6：政策实施取得了预期效果

（一）McConnell 的指标

McConnell（2015：233）提出了“政策实施取得了预期效果”这一指标来判断政策的成功或失败。“政策成功的本质也包含了随后对社会的影响；也就是说，结果……除了具体目标之外，政策实际具有的更广泛的影响，这也可以用来判断政策是否成功。”（McConnell，2010b：47）McConnell 指出，在考量政策成功或失败的时候，要超越“产出”或“目标”等狭义的指标，更要考虑政策对经济、社会和环境方面的影响，尤其是生态环境的改善（OECD Development Assistance Committee，1991）和人类行为的改变（Dunn，2003）。

（二）文献综述、发现及启示

在公共政策评估领域，效果类的指标通常被用于教育、公共卫生和环境保护等领域的政策评估，其中生态系统和人类行为的变化都可以作为判断政策成功或失败的指标（Wilson 和 Buller，2001；Hargreaves，2011；Whitmarsh 等，2012；Soderholm，2013；Young 等，2015）。在中国，大多数政策评估的文献侧重于衡量政策的产出，以及这些产出是否达成了政策目标（李涛和沈尧鑫等，2019；李涛和杨喆等，2019）。许多文献解释了政策目标实现的影响因素，并解释了政策目标与政策手段之间的因果关系（王曙光和张胜康，2004；Harris，2006；王凤，2008；王凤和阴丹，2010；Chen 等，2011；Heberer 和 Senz，2011；鲍自然，2015；Simões，2016；赵志华和吴建南，2019）。不过，由于缺乏系统的评估体系、必要的信息和完整的理论框架，政策干预对社会、环境的影响很难被有效用于评估公共政策（闫云霞等，2012；李帆等，2018）。但不可否认的是，我们可以使用预期效果指标来判断政策的成功或失败，这一点在文献中获得了支持。

七、指标 7：使目标群体受益

（一）McConnell 的指标

McConnell（2015：234）提出了“使目标群体受益”这个指标来判断政策的成功或失败。“政策成功是为特定目标群体或参与者带来的利益，可将他们（特定目标群体或参与者）基于阶级、国别、性别、宗教和种族（等条件）进行分类。”（McConnell，2010b：48）这里的利益被定义为“人类福祉的任何进步”（Pearce，1998：86），可能来自政策的产出、成果或影响。总之，一项政策的成功概括了它给目标群体带来的好处。

（二）文献综述、发现及启示

公共政策的实施可能会对目标群体产生积极或消极的影响（谢明和张书连，2015）。为目标群体提供利益可能是行政机构的目标，但也可以是与目标群体的“交易”，这种“交易”有助于政策的实施（高建华，2007；张璐和谭刚，2014）。中国的实证研究进一步表明，政策目标与目标群体利益之间的冲突可能会阻碍公共政策的实施（白现军，2012；叶响裙，2014）。因此，指标7是衡量中国公共政策实施成功与否的关键指标，这一点也在文献中获得了支持。

八、指标8：满足政策评估领域高度重视的指标

McConnell（2015：234）提出了“满足政策评估领域高度重视的指标”来判断政策的成功或失败。但McConnell（2010a，2010b，2015）并没有明确指出哪些指标可能在特定的政策部门受到高度重视，只给出了他认为特别重要的例子，即效率指标。此外，在不同的环境中，评估的指标可能会有所不同，我们首先需要确定“政策评估领域高度重视的指标”有哪些。

许多国外学者讨论了公共政策的评估指标。Poister（1978）提出了7个政策评估指标：有效性、效率、充分性、适当性、公平性、响应性和执行能力。Nagel（2002）按照重要性从高到低排列了一系列指标：有效性、效率、公平、公众参与、可预测的规则和正当程序，以及政治可行性。Dunn（2003）将政策评价指标分为6个方面：有效性、效率、充分性、公平性、回应性和适当性。Patton等（2015）认为主要指标可分为4类：技术可行性、经济和金融可行性、政治可行性、行政可操作性。

国内学者也提出了一系列政策评价指标。张金马（1992）提出的指标包括工作量、绩效、效率、充分性、公平性、适合性以及社会发展总体指标。陈振明（2004）提出了5个指标：生产力标准、效益标准、效率标准、公正标准和政策回应度。宁骚（2018）提出了7个指标：效率、效益、充分性、适当性、回应性、公平性和社会进步。谢明和张书连（2015）提出了6个指标：效益、效率、充分性、公平性、回应性和适当性。

为了在中国场景下应用McConnell框架，有必要确定哪些指标在公共政策部门受到高度和普遍的重视。基于文献综述和焦点小组讨论结果（见第三章

第二节)，有 5 个指标被认为在公共政策实践中至关重要，即有效性、回应性、效率、公平、适当性。其中：

• 有效性评估是否“有价值的结果已经实现”（Dunn，2003：358）。有效性指标与 McConnell 框架中的指标 6 相对应，因此按照指标 6 进行考虑。

• 回应性评估政策结果“满足特定群体的需求、偏好或价值观”的程度（Dunn，2003：358）。回应性与 McConnell 框架中的指标 7 相对应，因此按照指标 7 进行考虑。

• 剩余的 3 个指标为效率、公平和适当性，因此被选为评估在中国场景下“满足政策评估领域高度重视的指标”。我们使用指标 8A（效率）、指标 8B（公平）和指标 8C（适当性）来代替 McConnell 最初的指标 8（满足政策评估领域高度重视的指标）。这 3 个指标都是独立的，且与 McConnell 的其他指标同等重要。

（一）效率（指标 8A）

效率指标描述了为实现预期目标而投入一个项目中的努力程度（Dunn，2003）。这种努力包括：①项目人员和设备为实现项目目标而进行的工作；②工作所需资源的种类和数量，如人员、资金、材料和设施（Deniston 等，1968）。因此，效率包含 3 种比率：达成的目标与完成的工作之比，达成的目标与消耗的资源之比，以及完成的工作与消耗的资源之比（Deniston 等，1968：605）。政策的实施应该能够有效率地实现政策目标，这被认为是成功的。

效率是政策评估的关键指标，衡量效率的方法多种多样。计算成本效益比、净效益、单位成本或者进行成本—有效性分析，是 OECD 国家和中国使用的评价效率的主流方法（Pearce，1998；European Environment Agency，2001；陈振明，2004；OECD，2008；Song，2008；National Center for Environmental Economics Office of Policy，2010）。国内关于公共政策执行效率的研究颇多，以实证研究为主，涉及各类公共政策领域。以环境政策为例，实证研究发现中国环境政策的公共支出的效率较低（金荣学和张迪，2012；陈明艺和裴晓东，2013；潘孝珍，2013），从而导致政府失灵和潜在的政策失效（忻林，2000；陈潭，2006），这表明“政策干预导致浪费或以不受欢迎的方式重新分配收入”（Samuelson 和 Nordhaus，2009：309）。指标 8A 可以用于评估中国的公共政策，这一点在文献中获得了支持。

（二）公平（指标 8B）

公平指标关注“成本和收益在不同群体之间是否公平分配”（Dunn，2003：358）。公平包括分配正义和程序正义。分配正义指公平的分配，程序正义指公正的程序（Cook 和 Hegtvedt，1983）。政策成功实施的衡量指标包括公平的分配和公正的程序。

文献综述表明，公共政策缺乏公平性是中国公共政策纠纷和某些政策失败的主要原因（任勤，2008；孙悦和麻宝斌，2013；陈第华，2014）。公共政策的目标群体不仅诉求分配正义，也需要程序正义（余玉花，2007；李建华，2009）。虽然很难达到绝对的公平，但是从国外的经验来看，利益相关者参与有助于提高公共政策的公平性（Fung，2015；Clark，2018）。指标 8B 可以用以评估中国公共政策，这一点在文献中获得了支持。

（三）适当性（指标 8C）

适当性考察“特定政策对于解决它所针对的政策问题是否恰当适用”（宁骚，2018：332）。适当性指标考察包括两个层面的内容：①成功的政策在满足政策干预需求的同时，需要提出必要且可行的解决方案。Wedell-Wedellsborg（2017）指出，一个组织需要了解目标群体的基本需求，考虑已有的方法和可能的替代方案，并找到一个适合内部和外部条件的解决方案。②更重要的是，适当性隐含了对“期望的政策目标（效果）是否真正值得或有价值”的判断（Dunn，2003：358）。根据 Dunn 的解释，适当性更多地意味着对“善”的道德判断，例如对可持续发展的考虑。

在中国，适当性评价广泛应用于多个公共部门和公共政策领域，例如政府绩效评价、城市规划评价和征地补偿评价（毛劲歌和刘伟，2008；吴春华等，2013；徐占军等，2013）。许多文献考察适当性的第一个层面，聚焦于政策项目对当地环境的适当性判断，进而寻求潜在的替代措施（程吉宏和王晶日，2002；王初升等，2010；郝海广和乌兰图雅，2011；于永海等，2011）。目前的文献对于适当性第二个层面的考察略有欠缺。可以确定的是，无论是国际还是国内的学者，都将适当性指标视为必要的公共政策评价指标（谢明和张书连，2015）。因此，指标 8C 可以用于评估中国的公共政策，这一点在文献中获得了支持。

九、指标 9：获取执行领域的支持

（一）McConnell 的指标

McConnell（2015：34）提出了“获取执行领域的支持”这一指标来判断政策的成功或失败：如果政策执行过程获得的支持大于反对，就认为一项政策是成功的。

（二）文献综述、发现及启示

公共政策执行主体主要包括国家和地方的行政机关、司法机关、被赋予执行权的其他公共权力机关以及供职于这些机关的公职人员。在主体执行公共政策的过程中，公共政策执行主体对政策目标群体使用一系列“控制技术”，以使政策目标群体按照期望的方式行动且遵守规则，从而获得他们对“政策目标、价值观和实现手段”的支持（McConnell，2014：19）。Anderson（2003）列出了一系列有效实施公共政策的“控制技术”，包括检查、发放营业执照、贷款津贴和福利、服务外包签约、公共支出、市场和所有权的运用、税收、指令性权力、服务、非正式程序和奖惩。这些“控制技术”在政策实施过程中得到了广泛的应用，从而促进了政策目标群体对政策执行的支持（Sabatier 和 Mazmanian，1980；彭勃和张振洋，2015）。

大量的文献讨论了这些“控制技术”的有效性。以环境政策为例，实证研究表明：经济措施和服务，如补贴和信息披露，比指令和制裁等命令和监管措施更有效（王红梅和王振杰，2016）。实证研究还表明，未能获得公众支持可能会降低政策实施的质量，增加政策实施的难度（曹丽萍等，2004；王冬妮和陈鹏，2006；文莉，2006；蒋文能和刘典文，2010；赵华勤等，2013）。因此，我们认为指标9可以帮助评估中国公共政策的实施情况，这一点在文献中获得了支持。

十、指标10：提升选举前景和声誉

（一）McConnell的指标

McConnell（2015：234）提出了“提升选举前景和声誉”这一指标来判断政策的成功或失败。“执政党希望继续当选，其政府希望继续治理国家。一项有助于保持甚至提高他们选票的政策可以被认为是成功的。”（McConnell，2010b：50）McConnell认为一项政策如果提高了政党或政府的选举前景，就被认为是成功的，因为对政策过程的支持和反对程度可以通过投票箱反映出来。

（二）文献综述、发现及启示

西方国家的选民可以用选票来表达他们对政党和政府官员的看法（Boyne等，2008）。中国的政治制度与西方国家不同，本研究中不将党和政府的选举作为与政策评估相关联的指标。但是，根据McConnell对这一指标的解释，在中国应重点讨论领导干部的晋升，因为晋升激励是解释过去几十年中国社会经济改革和发展的关键因素之一（周黎安等，2005）。本部分内容首先讨论我国领导干部晋升的逻辑，其次讨论这种逻辑是否适用于环境绩效，最后讨论声誉、晋升和政策绩效之间的关系。

1. 领导干部晋升的逻辑

在中国，官僚体系起着决定性作用，领导干部的任免晋升权实际上掌握在党组织手中。领导干部通过其表现影响上级官员，一定程度上帮助其实现晋升（Chow，1988）。通过文献综述，对领导干部晋升的逻辑进行梳理，发现存在一些显著影响领导干部晋升的因素，包括：①官员所负责地区的经济绩效；②政治体制中的个人关系；③受教育程度；④工作经历；⑤个人特征

（余绪鹏，2014）。

第一，经济效益可能是关键因素。周黎安等（2005）研究了 1979—2002 年的省长更替，研究表明：经济绩效与晋升之间存在正相关关系。周黎安随后将经济绩效与晋升的相关性总结为“锦标赛模式”，表明了经济增长同上级政府为刺激地方政府而设立的竞争制度之间存在联系。其他学者的研究也验证了这种“锦标赛模式”。根据对 1978—2008 年 31 个省份的实证数据的分析，冯芸和吴冲锋（2013）证明了经济绩效对副省长的晋升存在较强的影响。然而，上述看法也面临着挑战。Bo（2002）研究了 1949 年以来 30 个省份的省级领导，发现：中央政府更关注各省份的税收，而不仅仅是地区生产总值增长。Landry（2005）分析了 1990—2000 年的 104 位地级市市长，却发现经济绩效对他们的晋升影响不大。

第二，“人际关系很重要”是中国政治体制中的一条潜规则。对省长秘书的研究表明，建立的个人关系和政治网络是影响其晋升的关键决定因素。例如，拥有良好人际关系和政治网络的秘书可以被分配到更“优质”的地区，在那里他们可能更容易实现更好的经济绩效（Opper 和 Brehm，2007；陶然等，2010）。

第三，学历也是担任有关行政职位的重要条件之一。例如《党政领导干部选拔任用工作条例》要求领导干部：“一般应当具有大学专科以上文化程度，其中地（厅）、司（局）级以上领导干部一般应当具有大学本科以上文化程度”（中国共产党中央委员会，2002）。教育水平越高，晋升的可能性越大，这也是政府官员热衷于追求更高学位的原因（孙珠峰和胡伟，2012）。究其原因，Walder（1995）使用一个双路径模型来解释中国的政治奖励机制，强调知识和教育对官僚主义的重要性，当然这被认为是专家治国的基础（王德禄和刘志光，1990）。

第四，工作经历对领导干部的晋升影响很大。1978—2010 年省（区、市）政府的面板数据表明，在党委或政府工作的经历会显著增加晋升的机会（乔坤元，2013）。例如，在中国共青团的工作经历（杨其静和郑楠，2014）、在经济发达地区或在重要中央部委的工作经历会显著提升领导干部晋升的机会，特别是在省部级这一层面（Huang，2002）。

第五，年龄和性别等个人特征也影响晋升。例如，《2019—2023年全国党政领导班子建设规划纲要》明确规定了党政系统的年龄限制和年龄构成（Naughton，2012）。乔坤元（2013）证明，随着年龄的增长，晋升的概率会降低。领导干部越年轻，就越容易得到晋升（沈念祖，2013）。性别是另一个关键因素。中共中央组织部《关于进一步做好培养选拔女干部、发展女党员工作的意见》要求，省、地、县各级党组织和政府的领导干部中，女性比例分别不得低于10%、15%和20%（中共中央组织部，2001）。

2. 环境绩效和领导干部晋升

关于环境绩效是否影响以及如何影响领导干部晋升的实证研究有限，目前没有明确的结论，且研究结论分化。一方面，研究认为环境绩效有助于领导干部晋升，例如孙伟增等（2014）对中国86个主要城市2004—2009年的实证研究表明，环境绩效对地方领导干部的晋升概率有正向影响，但这一结果可能只适用于大城市。另一方面，国外的大多数环境政策往往与寻求连任的政治家的偏好不一致，出于效用最大化的原因，一些政治家自然更倾向于减少环境补贴或者限制环保项目（Schneider和Volkert，1999）。这一点在我国也得到了一定的验证，例如张楠和卢洪友（2016）在对109位市委书记和市长的访谈中也发现了类似的结论：用于污染治理的支出的增加反而降低了领导干部晋升的可能性。实证研究还发现，一些官员曾采取导致环境污染的行动以获得晋升，正如Jia（2017：28）所述："受到强烈晋升激励的领导干部希望促进经济增长，而不顾其社会成本（如污染）。"研究进一步证实，领导干部晋升的压力有可能加剧环境污染（褚清华和王凡凡，2019），例如领导干部的更替显著加剧了地级市$PM_{2.5}$的污染（张华和唐珏，2019）。因此，一个成功的环境政策是否能促进官员的晋升是值得怀疑的。特别是在我国农村地区，环境政策涉及面广、周期长且见效慢。目前很难以农村环境绩效为基础评估农村干部的绩效（葛世龙和李晗，2020）。

3. 声誉、晋升和政策绩效

Jøsang等（2007：5）将声誉定义为"人们对一个人的性格或定位的普遍

说法或看法”。不可否认，声誉是影响领导干部行为的一个因素（徐干和陈海林，2018）。例如，在村庄一级，追求良好的声誉可能有助于项目的成功实施。村落关系和文化网络越紧密，村党支部委员会和村民委员会委员就越愿意认真考虑和保障该村的长远利益。虽然村干部晋升的空间非常有限（齐贺和文松辉，2013），但这样做可能是为了追求声誉和“面子”（贺雪峰和阿古智子，2006）。

“政策的政治成功可以源于政策的实施”（McConnell，2010b：51），这就是 McConnell 在指标 10 中所强调的，即通过政策实施获得的声誉可能有助于政府官员的晋升。但在中国，情况可能并非如此。如上所述，声誉不是显著影响领导干部晋升的因素之一，在环境政策的实施中获得的声誉可能无助于领导干部的晋升。环境质量改善不会带来更高的政治晋升激励（张楠和卢洪友，2016），甚至环境污染治理投入会降低官员晋升的可能性（Wu 等，2013；Zheng 等，2014）。

综上所述，中国和西方政府官员获得晋升的逻辑是完全不同的（吴建南和马亮，2009）。没有证据表明环境绩效和声誉是决定我国领导干部晋升的重要因素。因此，从领导干部晋升的角度来看，指标 10 可能不适合用来判断环境政策的成败，它没有获得文献的支持。

十一、指标 11：让政府治理变得容易

（一）McConnell 的指标

McConnell（2015：234）提出了“让政府治理变得容易”这一指标来判断政策的成功或失败。政府治理的各类手段虽然在处理公共问题方面可能有很多不足之处，但却有助于维护政府的治理能力或者帮助政府满足其高度优先的政策目标（McConnell，2010b）。政府通常会通过一系列手段来简化其治理工作，例如控制政策议程、缩小问题的范围或实施“安慰剂”政策。McConnell 认为，通过规划和实施公共政策成功地控制政策议程，以帮助政府缓解治理压力，可以被认为是政府在政治上的某种成功。

（二）文献综述、发现及启示

我国地方政府会采取多种措施缓解治理压力。首先，地方政府会优先考虑中央政府认为重要的问题，因为政策制定者有义务遵循上级政府的命令来制定政策议程（Heilmann，2017）。其次，某些公共问题可能会被“刻意”安排在政府议程之外（杨婕敏，2013）。地方政府会优先考虑容易解决的问题。对于超出“安全范围”的问题，即难以解决的、涉及多个利益相关者的、涉及利益再分配的问题，地方政府可能会忽视或不回应公众的诉求（杨杰，2016），虽然这样的做法可能会引起社会冲突和负面的政治影响（甘甜甜，2018）。最常见的做法是，地方政府通过实施能够取得短期效果的项目来简化治理工作。例如，郑州是一个大力度治理散乱污企业的城市：2017 年 3 月底，生态环境部通报称郑州上报 539 家散乱污企业。截至 6 月 30 日，郑州市排查并整治取缔散乱污企业总数 10033 家。短短三个月，被确定为散乱污的企业数量增长了 20 倍（周泰来等，2017）。“急于实现污染控制目标可能也揭示出，官员对满足短期的运动目标更有兴趣，而不想进行长期的结构性调整。”（黄严忠，2018）政府通过公共政策控制政策议程并缓解治理压力，指标 11 有助于解释中国场景下的政府行为，这一点在文献中获得了支持。

十二、指标 12：促进国家战略目标

（一）McConnell 的指标

McConnell（2015：235）提出了“促进国家战略目标”这一指标来判断政策的成功或失败。“如果政策能助力政府期望实现的价值观的普及，并有助于促进政府及其各类政策的战略目标，那么政策就被认为在政治上取得了成功。”（McConnell，2010b：52）

（二）文献综述、发现及启示

国家战略目标指引着国家的前进方向。制定国家战略目标有助于执政党

达成共识并形成共同的价值观，从而约束党员的行为并使其具有一致性。制定国家战略目标还有助于捍卫政府行为及其合法性，尤其是长期战略规划更有助于保持社会的稳定（余科杰，2007；李合亮，2011；才华和董兴杰，2012；陈锡喜，2014）。

我国自 1978 年改革开放以来，实现经济长期和高质量的增长一直是党和国家的基本战略目标。2012 年，中国共产党第十八次全国代表大会首次提出“生态文明”概念，环境保护成为另一项战略目标（胡锦涛，2012）。2015 年，“加快改善生态环境”被写入《中华人民共和国国民经济和社会发展第十三个五年（2016—2020 年）规划纲要》（新华社，2015）。2017 年，党的十九大报告明确强调要“坚持人与自然和谐共生。建设生态文明是中华民族永续发展的千年大计”（习近平，2018）。除了经济增长和生态环境保护这两项战略目标，民主法治建设、国家安全、扶贫和减债等工作也都是中央政府的工作重点。

对地方政府来说，遵循和促进国家战略目标的达成是政治正确的问题。然而，地方政府不可避免地会陷入实现诸多战略目标之间的博弈（张文彬和李国平，2014）。例如，自 2016 年以来，旨在管理重污染企业的“环保风暴”关停了全国数千家企业。但这是引起广泛争议的“一刀切”方法，其本质上是经济发展与环境保护之间的博弈。这种博弈源于地方政府与中央政府的不同利益诉求，而地方政府之间的竞争更会加剧区域性的利益冲突（周泰来等，2017；黄严忠，2018）。政策的目标、行政机构的行为和国家战略目标之间的一致性/冲突性是判断政策成功与否的一项有意义的评估标准，这一点在文献中获得了支持。

十三、指标 13：为政府提供政治利益

（一）McConnell 的指标

McConnell（2015：235）提出了“为政府提供政治利益”这一指标来判断政策的成功或失败。“从某种意义上说，政府可能会失败，因为它可能积累

的任何政治利益都会被批评政府的大量反对声音所抵消，这些反对声音可能会指责政府没有为公众利益行事。”（McConnell，2016：674）在一项政策产生的政治影响方面，如果对政府的政治支持超过了政治反对，那么一项政策就被认为是成功的。

（二）文献综述、发现及启示

许多政治行动的目的都是获得政治利益。李金奎和邓志平（1989：15-16）将政治利益定义为“人们政治生活中实现了的政治需要，它表现为政治权力、政治地位、政治荣誉、政治优惠、政治要求之获得或部分获得，从而使主体对这种需要之满足程度和大小有实际感受”。曹晓飞和戎生灵（2009：104）将政治利益定义为“主体在政治领域中，或者政治市场中追求的权力、权利、地位、荣誉、声望等等”。

在中国，政党、政府、领导干部和人民群众都可以通过公共政策获得政治利益（洪远朋等，2006）。第一，公共选择理论将政党利益设定为选票最大化（Downs，2005）。在我国，政党的目标是潜在选票的最大化，即民众对现存政府可能的支持率（曹晓飞和戎生灵，2009）。第二，在政府层面，政府合理配置公共资源，实现公共利益，以建立、维护和巩固社会所需的经济、政治和文化秩序。如果政府成功地这样做，就被认为是政治上的成功（赵晖，2004；袁明旭，2011；黄仁宗，2012；袁明旭，2014）。就政府官员和政治家而言，他们会追求权力、政治地位、政治影响力和声誉，这些被认为是政治成功的指标（曹晓飞和戎生灵，2009）。就人民群众而言，“人民群众的政治利益是指人民群众在社会政治生活中的地位及其所获得的各项政治民主权利”（洪远朋等，2006：483），包括“人民群众所获得的由法律明文规定的各项民主权利，主要是依法取得的民主选举、民主决策、民主管理、民主监督等权利以及其他各项人权，还包括人民群众行使这些权利的机会、条件和程度，得到切实保障的人民群众的国家主人翁地位等”（曹晓飞和戎生灵，2009：106）。

应当指出的是，为政府提供政治利益可能不是评价对政策的支持或反对的唯一指标，不能为上述各类群体提供政治利益就可能会引起争议甚至产生对某一项政策的反对。当反对大于支持的时候，一项政策可能在政治影响方面被视为失败的。虽然 McConnell 仅用“为政府提供政治利益”指标可能会缩小政治利益的范畴，但我们依旧认为指标 13 可以用来评估一项政策的政治影响，这一点在文献中获得了支持。

第二节 根据文献对指标进行综合评价

本章第一节对 McConnell 框架中最初使用的 13 个指标进行了理论评估，并进行了初步的修正。我们用指标 8A（效率）、8B（公平）和 8C（适当性）取代了 McConnell 最初的指标 8（满足政策评估领域高度重视的指标），这 3 个指标被认为与其他指标具有相同的权重。因此，初步修正后的 McConnell 框架总共有 15 个指标。理论评估表明，McConnell 框架中的评估指标可以根据其与中国政治环境的相关性分为 3 类：

- 支持：文献支持 12 项指标，即确保合法性（指标 2）、获取计划领域的支持（指标 4）、政策实施符合政策目标（指标 5）、政策实施取得了预期效果（指标 6）、使目标群体受益（指标 7）、效率（指标 8A）、公平（指标 8B）、适当性（指标 8C）、获取执行领域的支持（指标 9）、让政府治理变得容易（指标 11）、促进国家战略目标（指标 12）、为政府提供政治利益（指标 13）。
- 不明确：有 1 个指标在文献中没有明确讨论，缺乏实证研究，即建立可持续的政策联盟（指标 3）。该指标在中国背景下的应用需要进一步的研究。
- 不支持：文献不支持 2 个指标，即政策目标和政策工具的留存度（指标 1）以及提升选举前景和声誉（指标 10）。由于制定政策的过程并不透明，因此在中国背景下考察指标 1 可能不太现实。指标 10 则反映了一种与当前中国政治环境相反的逻辑。

我们依据其他学者的研究对 McConnell 框架中的指标进行了理论评估，但是这些初步见解不足以对 McConnell 的框架进行完整的评估。进一步来说，仅使用理论评估不足以评估此框架在中国场景下的潜在应用，一些指标需要更充足的证据来验证理论评估的结果。来自实证研究的证据可以为我们提供更深入的见解，甚至产生不同的结果。下一节讨论对 McConnell 框架的潜在改进和调整，以便在实证研究中使用。

第三节　对 McConnell 框架的潜在改进：基于理论评估

首先，正如第一节中讨论的，McConnell 没有明确说明指标 8（满足政策评估领域高度重视的指标）中包含的内容。因此，效率、公平和适当性被确定为指标 8A、8B 和 8C，以更详细阐释指标 8 在中国场景下的含义。因此，8A、8B 和 8C 的创建是对 McConnell 框架的改进。

其次，McConnell（2015：233-235）在其著作中给出了一个评估其框架中单一指标的指南，并使用了定性的方式来判断某一指标的成功或失败：如果政策成功，三种程度的成功或失败（总体失败=微不足道的成功、争议性失败=争议性成功、可容忍的失败=有韧性的成功）在每个指标中都可以观察到。

虽然通过上述三种程度来描述总体政策的成功或失败可能是适当的，但这种方法似乎是有限的。从理论评估中可以看到，McConnell 框架中的单一指标可能会存在绝对失败和绝对成功的情况。例如，在某些政治体制中，决策过程中，利益相关者之间可能不会形成可持续的联盟，甚至不会有利益相关者参与，这都代表指标 3 是绝对失败的。因此，我们建议在评估政策成功或失败程度的时候增加“绝对成功”和“绝对失败”这两种类别作为额外的参考点。但这两个额外的参考点只针对个体指标和某一领域，不针对政策整体。因为我们非常认同 McConnell 对政策整体成功或失败的看法，即“政策惨败”中也可能有最小的成功和“灰色地带”，政策结果不是“非此即彼”的。

因此，以 McConnell（2015：233-235）给出的评估单一指标的指南为蓝本，基于上述改进意见，我们对该指南进行了修改：①增加了“绝对成功”和“绝对失败”这两种额外的参考点；②对语言和修辞进行调整，使它们更容易理解。表 4.1 显示了修改后的评估指南，可用作评估每个单一指标成功或失败程度的基础。

表 4.1　评估 McConnell 框架中每个单一指标成功或失败程度的指南［在 McConnell（2015：233-235）的基础上修改］

领域	序号	指标	绝对失败	总体失败＝微不足道的成功	争议性失败＝争议性成功	可容忍的失败＝有韧性的成功	绝对成功
计划	1	政策目标和政策工具的留存度	完全背离政策的初衷	基本没有留存政策目标和政策工具	首选目标和工具存在争议且难以留存，需要一些修改	尽管未能完全，但仍留存了主要的政策目标和工具	政策目标和政策工具完全留存
	2	确保合法性	政策违法	争议巨大且持久	困难且有争议的问题，从长远来看有可能损害政策本身	存在一些争议，但很少或没有持久争议	完全没有争议
	3	建立可持续的政策联盟	没有建立联盟	联盟不完整且存在巨大分歧	联盟完整，尽管存在强烈的分歧迹象且存在一些分裂的可能性	尽管存在一些分歧迹象，但联盟完好无损	联盟完整无分歧
	4	获取计划领域的支持	政策制定过程存在高度一致且广泛的批评或者没有在政策制定过程中寻求任何支持	政策制定过程中批评几乎是普遍的和（或）支持几乎不存在	政策制定过程中批评和支持的声音各半	政策制定过程中批评的声音较少，支持的声音大于反对的声音	政策制定过程中存在高度一致且广泛的支持

续表

领域	序号	指标	绝对失败	总体失败＝微不足道的成功	争议性失败＝争议性成功	可容忍的失败＝有韧性的成功	绝对成功
执行	5	政策实施符合政策目标	没有达成任何政策目标	尽管在达成预期目标方面取得了微小进展，但伴随着争议巨大且长期的失败，很难为之辩护	结果好坏参半，取得了一些成功，但也伴随着意想不到的和有争议的失败	尽管存在轻微的失败和偏差，但总体实现了实施目标	达成所有政策目标
	6	政策实施取得了预期效果	没有取得任何预期的效果	取得微小的预期效果，但伴随着争议巨大且引人注目的失败	取得了一些成功，但部分实现的预期效果被负面效果所抵消，因而产生了巨大的争议	尽管存在细微的差异，但总体取得了预期的效果	取得了所有预期的效果
	7	使目标群体受益	目标群体受损且未获益	微小的收益，但伴随着损害，甚至获益被损失所掩盖。此外，还可能引发引人注目的不公平和悲剧	实现了部分收益，但由于重大缺陷，没有达到预期的广度或深度	存在一些不足，可能还有一些异常状况，但目标群体普遍受益	目标群体获益且未受损
	8A	效率	没有达到预期的标准	取得了一些小小的成功，但饱受失败的困扰	部分实现预期，但伴随着未能实现的标准，且可能存在引人注目的例子	不完全是期望的结果，尽管存在缺陷，但足以有力地宣称满足了标准	达到预期的标准
	8B	公平					
	8C	适当性					
	9	获取执行领域的支持	政策执行过程存在高度一致且广泛的批评或者没有在政策执行过程中寻求任何支持	政策执行过程中批评几乎是普遍的和（或）支持几乎不存在	政策执行过程中批评和支持的声音各半	政策执行过程中批评的声音较少，支持的声音大于反对的声音	政策执行过程中存在高度一致且广泛的支持

续表

领域	序号	指标	绝对失败	总体失败=微不足道的成功	争议性失败=争议性成功	可容忍的失败=有韧性的成功	绝对成功
政治	10	提升选举前景和声誉	声誉受损，选举前景黯淡	助力较小，政策要为选举和声誉受损担责	政策得到了强烈的支持和反对，以同等的程度影响了选举前景和声誉	尽管遇到了一些小挫折，但有利于选举前景和声誉提升	声誉提高进而留任、晋升或者选举成功
	11	让政府治理变得容易	失去对政策议程的控制，政府面临压倒性的问题	有明显的迹象表明，政府正在利用政策议程努力处理一个治理难题	存在争议，并在为议程辩护中占用了比预期更多的政治时间和资源	尽管议程控制存在一些问题，但治理能力并未受到影响	成功控制政策议程，简化治理工作
	12	促进国家战略目标	战略目标被完全破坏	整体战略目标面临受损的危险	政策目标与国家战略目标大体一致，但有明显迹象表明该政策引发了一定的反思，尤其是在幕后	需要一些改进，但大方向畅通无阻	完全实现整体战略目标
	13	为政府提供政治利益	一致认为不会给政府带来任何的政治利益	对政府的政治弊端大于政治利益	对政府的政治利益与政治弊端相平衡	对政府的政治利益大于政治弊端	毫无疑问，会给政府带来完全的政治利益

注：在第二阶段研究中，指标 2 的定义更广泛，不仅包括“程序的合法性”，也包括“内容或行动的合法性”。指标 13 的范围从“为政府提供政治利益”扩大到“提供政治利益”来综合评价政策带来的政治利益。

第四节　政策成功或失败的原因

McConnell（2016）区分了政策成功或失败后可以观察到的结果（用于评估）及其原因（用于解释）。政策失败的原因被分为 3 个框架，即以个体行动者为中心的维度、以制度/政策过程为中心的维度和以社会为中心的维度（见表 2.3）。McConnell 从各种理论和文献中提炼出政策失败原因的要点，为进一步研究提供了契机。然而，它们可能不足以揭示中国场景下的政策及其背后的故事。因此，仍有必要将其他学者关于政策失败原因的观点融合到 McConnell 的解释中，并寻找更多经验证据来理解政策失败的原因。

政策失败可能是由个人行为、制度缺陷和社会主流价值观的复杂相互作用造成的。有几个理论阐明了这种复杂的相互作用，如路径依赖（Pierson，2000）、间断平衡理论（Jones 和 Baumgartner，2005；Baumgartner 和 Jones，2010）、复杂性理论（Paul，2012）、自组织网络（Rhodes，1996，1997）和街头官僚主义（Moore，1987，1990；Lipsky，2010）。例如，Scott（1997：35-36）指出了 3 个因素，即“在街头官僚机构中，客户的特征、组织特征和服务提供者的属性是官僚自由裁量权的决定因素”。

在中国，制度和政策制定及执行过程的主要焦点是保持“政治稳定”（Lawrence 和 Martin，2012：2；Chen，2016），这会驱使个体行为者倾向于“避责”，甚至导致“刻意的失败”（Weaver，1986；Hood，2002，2007，2010；Shi，2014）。这类失败可能是一个复杂的政策过程的结果，其特点是参与者之间的互动是在某种“舞台”上的“权衡”（Zheng 等，2010）。此外，政策过程也可能会被所谓的“地方裙带资本主义”影响，因为地方政府可能利用其政治和经济权力来支持与领导干部有关联的企业，进而从中受益（Bai 等，2014）。

中国农村的情况可能更为复杂（Ku，2003）。“关系”“人情”“互惠”和“官僚作风”也可能是影响政策成败的关键原因，尤其是在政策制定和实施过程中（Hu，1944；Ho，1976；King 和 Myers，1977；Jacobs，1979；King，1980；Liu，1982；Hwang，1987；Chan，2006）。

第五节　小结

本章从理论角度评估了 McConnell（2015）的框架在中国场景下的应用。根据文献和焦点小组的见解，我们使用指标 8A、8B 和 8C 来取代 McConnell 最初的指标 8。根据理论评估，我们将所有指标分为 3 类，即支持、不明确和不支持。然而，我们需要更多的实证证据来支持 McConnell 框架在中国场景下的应用。针对下一阶段的案例研究，我们以 McConnell 的评估指南为蓝本开发出了一个新的评估指南，可用作评估“计划”“执行”和“政治”领域中每个指标成功或失败程度的基础。最后，本章简要回顾了中国场景下政策失败的原因，以补充 McConnell（2016）对政策失败原因的解释。下一章介绍 McConnell 框架在中国的第一阶段实证研究，包括两个案例研究，用以评估 McConnell 框架在中国场景下的适用性。

第五章　McConnell 框架的评估和应用：第一阶段

第四章对 McConnell 框架进行了理论评估和初步修改，作为自适应学习和三角互证法的下一步，本章报告了案例研究的第一阶段。第一阶段案例评估了 McConnell 框架及其指标体系在中国场景下的适用性，同时根据此框架得出了第一阶段案例政策成功或失败的结论。第一阶段的案例研究选取了两个具有相似背景但却存在足够差异的案例：这两个案例都实施了针对农村生活垃圾的环境综合整治方案；项目决策过程均发生在乡镇一级；两个案例具有相似的社会文化和政治背景，但是经济背景存在明显不同。

首先，本章从对案例研究的描述开始。其次，我们使用一个固定的方式来呈现每个指标的案例研究结果，即案例研究的发现；案例研究的启示。最后，作为独立的第三方研究者，本章报告了使用经修订的 MEE 框架（修订后农村环境综合整治“以奖促治”项目环境成效评分表，见附录 C）对上述两个案例进行评估的结果。

第一节　案例介绍

一、案例 1

选取 X 省 CY1 市 CT1 县 T1 乡 V1 村作为案例 1①。V1 村面积 30~40 平方

① 根据写作伦理，我们使用代码表示地址、人物和项目。对于案例的介绍，则使用模糊性的范围数据。

公里，常住 500~1000 户、1000~2000 人。该村是重要的马铃薯种植和加工基地。生活垃圾、生活废水、化肥污染、动物排泄物，尤其是种植马铃薯所用的农膜残留是主要的环境问题。

该村实施了针对农村生活垃圾管理的项目——P1 项目。该项目旨在建设公共垃圾收集点，并管理环卫工人清理和收集村落垃圾。P1 项目由 T1 乡政府提出、设计并批准。村民委员会随后被告知这一决定，并被要求向 T1 乡政府提供有关选址的建议。V1 村随后召开了一次村民会议，由村党支部委员和村民代表共同讨论垃圾收集点的选址问题。T1 乡政府随后建设了数个垃圾收集点（见图 5.1）。P1 项目由 T1 乡政府的环卫部门负责运营。

图 5.1　V1 村的一处垃圾收集点

二、案例 2

选取 Y 省 CY2 市 T2 乡的 V2 村作为案例 2。V2 村占地面积 5~10 平方公里，常住 50~100 户、100~500 人。旅游业是 V2 村的经济支柱，桃树种植是该村的传统产业。生活垃圾（包括游客产生的垃圾）、地下水污染、河流污染是主要的环境问题。

V2 村实施了针对农村生活垃圾管理的项目——P2 项目。该项目旨在建设公共垃圾收集点，并管理环卫工人清理和收集垃圾。P2 项目由 T2 乡政府提出、设计并批准。村民委员会随后被告知这一决定，并被要求就垃圾收集点的选址提出建议。T2 乡政府随后建设了一个集中式垃圾收集站（见图 5.2）。

P2项目由T2乡签订承包合同的环卫公司与V2村村民委员会合作运营。

图5.2 V2村的垃圾收集站

第二节 McConnell框架及其指标体系的案例评估

一、指标1：政策目标和政策工具的留存度

（一）案例研究的发现

通过互联网搜索，我们尝试在乡党委会议、乡政府常务会议、乡政府全体会议等会议摘要中收集关于P1和P2项目政策过程的信息。这些会议摘要可能包含决策过程，例如讨论、决定、支持或者反对方面的信息，但我们无法找到会议摘要。大多数受访者（包括村干部）表示，他们对政策方案的制定过程知之甚少，不了解包括项目建议、草案或方案的内容，变化的内容，以及变化的原因。受访者2VS认为村集体在这一过程中缺乏参与："乡政府只是告诉我们建一个【垃圾收集点】。我们不知道谁建、咋建。"

（二）案例研究的启示

如果无法获得评估指标1所需的信息，则我们无法测量指标1。目前我们缺乏乡镇一级政府的决策信息且其政策采纳过程并不透明，因此指标1"可能不适用”于中国场景，但更确定的判断还需要更多的证据。

二、指标 2：确保合法性

（一）案例研究的发现

我们尚不清楚 P1 和 P2 项目的合法性是否得到保障。大多数受访者关注的是该项目的存在本身或该项目已获得批准的事实，正如受访者 1VR 认为的：“如果该计划不合法，它就不会获得批准。”然而，这个论点颇具争议，因为受访者不知道政策合法化过程是否恰当。为什么受访者很少考虑或者根本不关心这些项目是否符合法律或法规？主要是因为他们的利益没有受到侵犯。“冲突”“收益”“利益”是访谈中关于指标 2 出现最多的关键词，这表明公众可能会忽视程序的合法性，只要项目“对他们有利”“不花我一分钱”或“不存在利益受损”。例如，“只要【政府实施的】是一个服务公众且造福公众的好计划，也不向我们收费，我们就信任政府。但是，如果该计划侵犯了我们的利益，就会影响公众对政府的信任”（受访者 2BR）。

（二）案例研究的启示

“合法性受到做事方式和正在做什么的影响。”（Anderson，2003：119－120）“做事方式”是指政策过程是否符合法律和法规，即“程序的合法性”；“正在做什么”是指政策内容或行动，即“内容或行动的合法性”。

根据 McConnell 的观点，他重点关注“程序的合法性”这一方面（参阅第四章第二节）。如果仅从“程序的合法性”这个角度考虑合法性，我们尚不清楚 P1 和 P2 项目的“程序合法性”是否得到保证，因为我们无法获得评估“程序的合法性”所需的信息。

然而，如果指标 2 的定义更广泛，包括“内容或行动的合法性”，那么指标 2“可能适用”于中国场景。从访谈中可以印证，“重内容、轻程序”的观念一直存在于中国公众的脑海中（郭渐强和彭璐，2014）。“无论程序如何，只要公众接受并认可其内容，就被认为是合法的。”（张金马，1992：23，

172；陈振明，2004：227）因此，当利益相关者质疑政策内容或政府行动时，政策的合法性可能会受到挑战。虽然在案例 1 和案例 2 中我们没有观察到上述现象，但不排除在其他案例中政策合法性会受到挑战。

三、指标 3：建立可持续的政策联盟

（一）案例研究的发现

根据第四章第一节对指标 3 的解释，可以从参与规则中判断是否存在有利于联盟形成的条件，并根据利益相关者在决策过程中的作用来推断联盟对决策的影响。案例 1 和案例 2 的政策制定过程都是在乡镇政府一级进行的，其参与规则如表 5.1 所示。

这一级别的政策制定具有一定的排他性。首先，大多数利益相关者，包括村民、村民代表和农村党员都无法进入这个过程，因此公众对影响决策的期望并不高，正如受访者 1FR 指出的："村民并不知道【决策过程】。"其次，村党支部委员会或村民委员会成员可以提出建议并影响乡镇政府的决策，但他们没有投票权。最后，乡镇政府保留接受、修改或拒绝政策建议的权威和权力。在这个过程中，村民代表、农村党员、村党支部委员会和村民委员会成员主要充当村民与乡镇政府之间的信息中介。

在这种参与规则下，决策权集中在乡镇政府官员手中。在这两个案例中，利益相关者之间都没有形成联盟：边界规则限制了大多数利益相关者参与决策的可能性，选择规则定义了可以参与决策的利益相关者允许采取的行动，而聚合规则限制了那些可以参与决策的利益相关者的影响力。

表 5.1　案例 1 和案例 2 呈现的乡镇级决策过程中的参与规则

参与者	边界规则	选择规则	聚合规则	信息规则
村民	不进入	无	无	向村民代表和农村党员提供信息
村民代表	不进入	无	无	信息中介
农村党员	不进入	无	无	信息中介

续表

参与者	边界规则	选择规则	聚合规则	信息规则
村党支部委员会和村民委员会成员	允许进入	提出建议	影响	信息中介
乡镇政府	进入	倾听建议；提供反馈；作出决策	民主集中制	从上述渠道接受信息并通过村党支部委员会和村民委员会成员反馈信息

（二）案例研究的启示

根据表 5.1，政策制定过程没有建立可持续的政策联盟，指标 3 在案例 1 和案例 2 中均被视为绝对失败。案例研究结果也暗示：当政策制定过程发生在乡镇一级时，指标 3 “可能不适用” 于中国场景。然而，对于具有广泛影响的重大议题，大多数利益相关者，例如村民，可能会参与决策过程。我们认为利益相关者有可能在村一级组建联盟，以促进议题的通过或否决有关决策。受访者 2VS 以该村一项有争议且不被允许继续进行的污水处理项目为例来说明这一论点（如下文所引）。鉴于以上原因，我们需要进一步向下调查村一级甚至向上调查县一级的决策过程及其联盟形成的情况，以作为第一阶段研究的补充。

> 对于重大问题，村民、村民代表或者村委会成员都可以提出诉求，提出建议。这些【诉求或建议】在村代会【村民代表大会】或村党员会【村党员大会】上【民主】评议，然后决定。如果村民认为这个【项目】需要的话，他们会签字确认，然后【我们】向乡政府汇报……我认为他们【乡政府】应该先和村委会协调一下，咋建、谁建、建成啥样。施工队刚刚来挖【管道】，我说我不能让你在这里干，因为我要对我们村民负责。

四、指标 4：获取计划领域的支持

（一）案例研究的发现

案例 1 和案例 2 表明在政策制定过程中吸引广泛利益相关者支持并不具有必要性，乡镇政府在议程设置、政策方案形成和政策方案采纳过程中都没有通过征求利益相关者意见的方式来寻求对政策方案的广泛支持。大多数利益相关者没有/无法参与决策过程。尽管乡镇政府要求两个村庄提供垃圾收集点/站的选址建议，但村庄只是被告知，且这类行为仅发生在决策之后和项目实施之前。

（二）案例研究的启示

根据表 4. 1，指标 4 在案例 1 和案例 2 中均被视为“绝对失败”。案例研究暗示：如果中国的公共政策制定不需要利益相关者的支持，那么这个指标在中国就不适用。

然而，反思公共政策过程是公共政策评估的价值（Van der Knaap，1995）。忽视利益相关者或地方干部的意见和反馈可能会导致项目在实施过程中出现问题（McConnell，2015）。正如第四章所述，中国行政决策模式正在经历从管理主义模式到参与式治理模式的转变，我们认为：不寻求政策制定过程中利益相关者的支持，政策制定过程就会被认为没有那么成功。

不排除对于其他类型的项目，或者决策过程与第一阶段案例不同的项目，吸引广泛的利益相关者支持是至关重要的。因此，我们除了调查乡镇层面的政策制定，还需要在村和县层面，以及其他类型的项目上做进一步的调查，以补充第一阶段的研究。因此，我们目前认为指标 4“可能适用”于中国场景。

五、指标 5：政策实施符合政策目标

“建设生态文明”是农村环境综合整治政策的核心理念，具体政策目标有

两个：①控制农村地区最突出的环境污染；②对目标群体进行环境保护教育，帮助目标群体参与农村环境保护（生态环境部，2010a）。

（一）案例研究的发现

1. 案例 1

P1 项目部分达成了第一个政策目标。在 V1 村，生活垃圾、生活废水、化肥污染、动物排泄物，尤其是马铃薯种植使用的农膜残留被受访者认为是重点环境问题（见图 5.3）。P1 项目针对的是其中一个问题（生活垃圾），但其他几个长期且棘手的问题未得到解决。

图 5.3　农地里的残留农膜（左）和未做防渗漏处理的自用生活污水井（右）

P1 项目没有达成第二个政策目标。没有证据表明该项目对村民进行了环境保护教育，帮助村民树立了生态文明理念并且参与了农村环境保护。该项目没有对村民进行基本的环保宣教，以帮助他们对生活垃圾进行基础的分类；也没有相对应的激励措施或者惩罚措施来控制农村生活垃圾的产生和随意丢弃的行为。我们认为，上述缺失都是一种慢性的政策失败，毕竟，有助于改变思想和行为的政策措施才是可持续发展的先决条件（Dobson，2007；Hofman-Bergholm，2018）。

2. 案例 2

P2 项目部分达成了第一个政策目标。在 V2 村，生活垃圾（包括游客产生的垃圾）被受访者认为是主要的环境问题之一，P2 项目的实施符合政策目标。然而，该村存在的一些长期且棘手的问题，例如农村生活污水和河流污染问题，却没有得到解决（见图 5.4 左）。

P2 项目达成了第二个政策目标。P2 项目对村民进行了环境保护教育。环卫工人会经常提醒村民使用垃圾桶，受访者 2SC 说："当我们收垃圾时，我们告诉他们【村民】不要随便倒【垃圾】，因为你有垃圾桶。我们会收【垃圾】。"此外，V2 村民委员会还会向一些表现良好的家庭颁发价值 250 元的"文明家庭"奖，以激励并引导村民的环保行为。P2 项目还帮助村民直接或者间接地参与了农村环境保护。村民委员会免费为每户居民提供几种不同规格的垃圾桶，以帮助村民粗略地进行分类垃圾（见图 5.4 右，村民将一些建筑垃圾放在相对较大的桶中）。村民委员会也会免费收集村民准备丢弃的家电和家具，并帮助村民进一步处理，以免这类生活垃圾污染环境。

图 5.4　废弃的生活污水处理设施（左）和经简单分类的生活垃圾（右）

（二）案例研究的启示

在案例 1 中，P1 项目部分达成第一个政策目标，但没有达成第二个政策目标。根据表 4.1，指标 5 在案例 1 中被视为"总体失败 = 微不足道的成功"。在案例 2 中，P2 项目部分达成第一个政策目标，达成了第二个政策目标。根据表 4.1，指标 5 在案例 2 中被视为"可容忍的失败 = 有韧性的成功"。我们认为，有必要评估政策的实施是否与其目标一致，以充分判断其成功或失败，指标 5 “明确适用” 于中国场景。

六、指标 6：政策实施取得了预期效果

农村环境综合整治政策旨在取得以下预期效果：①改善农村环境和卫生；②提高目标群体的环保意识，促进目标群体的亲环境行为（国务院办公厅，2009）。

（一）案例研究的发现

1. 案例 1

P1 项目在一定程度上取得了第一个预期效果。受访者 1VR 表示：“以前没人清理垃圾，现在环卫工人清理垃圾，环境【卫生】有所改善。”（见图 5.5 左）然而，潜在的效果因项目管理不善而被削弱。首先，T1 乡政府环卫部门对垃圾车司机的管理不善，因为从 V1 村收集的部分垃圾并未转移到垃圾处理设施，而是倾倒在村子附近的坑中（见图 5.5 右）。几位受访者表示，垃圾车司机很可能挪用了用于支付垃圾填埋场的资金，所以才随意倾倒垃圾。但 V1 村村党支部委员会和村民委员会表示，他们并没有参与 P1 项目的实施，因此也无权管辖。其次，T1 乡政府环卫部门对环卫工人的管理不善。受访者 1FR 表示：“环卫工人并没有定期收集垃圾，甚至要等到垃圾收集点满了才收集。只有在上级政府检查之前，环卫工人才会主动将垃圾从收集点转移出去。”这些环卫工人均由 T1 乡政府环卫部门聘请，并非当地居民。由于距离较远，他们需要从 T1 乡政府所在地搭乘专门车辆前往 V1 村进行服务，这也是环卫工人没有及时主动收集垃圾的原因之一。有受访者表示，已经多次出现垃圾收集点满溢却没有环卫工人处理的情况，这也进一步降低了他们使用垃圾收集设施的意愿。

P1 项目未能取得第二个预期效果。首先，垃圾收集点的设计缺陷抑制了村民潜在的亲环境行为。有的垃圾收集点距离村民家较远，且垃圾收集点入口太小，无法让村民方便地使用独轮车倾倒垃圾，这也影响了垃圾收集车的效率。正如受访者 1VS 所说：“垃圾收集点的【入】口太小，环卫工人没法

图 5.5　农村环境得到改善（左）和一个非法的生活垃圾倾倒点（右）

收【垃圾】。设计得有问题。”（参见图 5.6 左上）因此，一些村民没有使用垃圾收集点，而是将垃圾倒入自己挖的坑中（见图 5.6 右上）。其次，由于 P1 项目缺乏垃圾分类教育、必要的设备（如免费发放的垃圾桶）和激励措施（如鼓励垃圾分类的奖励），潜在的政策效果进一步受到损害，如 V1 村生活垃圾未分类且有时被随意丢弃（见图 5.6 下）。

图 5.6　V1 村的生活垃圾处理。上：新建的垃圾收集点（左）和村民自己挖的垃圾坑（右）；下：垃圾收集点的废弃物残留（左）和在村中散落的未收集生活垃圾（右）

2. 案例 2

大多数受访者认为，就第一个预期效果而言，P2 项目取得了较大的成功。如图 5.7（上）所示，V2 村的环境和卫生得到了极大改善。受访者 2BR 表示："没有脏乱了，环境好多了。真就是这样。"该项目之所以取得较大的成功，是因为 V2 村的村党支部委员会和村民委员会参与了项目的实施。虽然 P2 项目由 T2 乡政府签约的环卫公司负责运营，但 V2 村的村党支部委员会和村民委员会同 T2 乡政府经过协商，坚持雇用当地居民作为环卫工人，并且要求 P2 项目的运营接受村民委员会的监督。村民委员会在项目运营期间严格监督环卫工人的工作，要求环卫工人每天按时收集每户家庭的垃圾，并将垃圾收集到垃圾回收站（见图 5.7 下）。

图 5.7　V2 村的生活垃圾治理。上：农村环境得到改善；下：清洁工挨家挨户收集生活垃圾（左）和从每家收集的生活垃圾都被转运（右）

P2 项目成功取得了第二个预期效果。P2 项目在提升了村民的环境保护意识的同时，也鼓励了村民的亲环境行为。一方面，受访者表示，当负责清理垃圾的环卫工人是当地人时，村民们普遍认为乱扔垃圾是一件比较丢脸的事情。另一方面，环卫工人也要求村民们对垃圾进行粗略的分类，并督促村民们不要乱扔垃圾。因此，村民们更加积极地配合环卫工人的工作。

（二）案例研究的启示

在案例1中，P1项目在一定程度上取得了第一个预期效果，但未能取得第二个预期效果。根据表4.1，指标6在案例1中被视为“总体失败=微不足道的成功”。在案例2中，P2项目较好地取得了第一个预期效果，并成功地取得了第二个预期效果。根据表4.1，指标6在案例2中被视为“绝对成功”。

我们认为，评估一个政策是否取得了预期的效果，是判断其成功或失败的必要指标。因此，指标6“明确适用”于中国场景。针对农村生活垃圾治理，案例分析表明，地方政府应采取多种互补的措施来促进和鼓励环保行为。更重要的是，在政策实施过程中，适当鼓励政策目标群体参与政策实施，并且向地方行政机构/组织下放一定的权力会使政策的执行产生更好的效果。

七、指标7：使目标群体受益

（一）案例研究的发现

“受益/获益/利益”是受访者多次提及的关键词，我们认为它是判断政策成功或失败的核心依据之一。

1. 案例1

P1项目使目标群体受益。例如受访者1VR表示：“现在垃圾收了，而且收集点离谁家都不近，所以没有臭味。”但由于项目管理不善，目标群体认为他们的利益受损。大多数受访者抱怨因环卫工人没有及时收集和转运垃圾而导致垃圾收集点满溢。而由此导致的后果是村民们不得不将垃圾倾倒到农田、荒地或者其他地方，正如受访者1FR所说的：“这些【垃圾收集点】帮我们很少。”

2. 案例 2

P2 项目使目标群体受益匪浅。在 V2 村，环卫工人每天按时收集各家各户的垃圾，并转运至垃圾收集点。P2 项目为每户村民免费提供垃圾桶、免费收集大型家电等项目措施也让村民受益。P2 项目雇用的所有环卫工人都是当地居民，不仅促进了当地就业，也为失业的村民带来了相对可观的收入。

（二）案例研究的启示

P1 项目使目标群体受益，但由于项目管理不善，目标群体认为他们的利益受损。根据表 4.1，指标 7 在案例 1 中被视为“争议性失败=争议性成功”。P2 项目使目标群体受益匪浅。根据表 4.1，指标 7 在案例 2 中被视为“绝对成功”。为目标群体提供公共福利，是公共政策的初衷之一，因此受益/获益/利益是目标群体判断项目成功与失败的核心依据之一。因此，指标 7“明确适用”于中国场景。

八、指标 8：效率、公平和适当性

根据第四章的内容，我们建议使用指标 8A（效率）、指标 8B（公平）和指标 8C（适当性）来取代 McConnell 原来的指标 8（满足政策评估领域高度重视的指标），我们认为这 3 个指标与 McConnell 框架中的其他 12 个指标同等重要。

（一）指标 8A：效率

1. 案例研究的发现

P1 和 P2 项目均由乡镇政府设计和实施，并向农村居民免费提供相应的公共服务。然而，我们尚不清楚这两个项目的实施是否具有效率。首先，我们无法从公开途径或者受访者处获取关于这两个项目实施的成本数据。因此，在案例 1 和案例 2 中，无法计算“达成的目标与完成的工作之比，达成的目标与消耗的资源之比，以及完成的工作与消耗的资源之比”。其次，部分目标群体不知道或者并不关心项目的成本。例如受访者 2VR 表示：“它【该项目】

没【向我们】收费，也没影响【我们】。都好！所以我们不关心这些事儿【效率】。”

2. 案例研究的启示

在案例1和案例2中，由于无法获取评估指标8A所需的信息，我们无法判定该指标的成功或者失败。根据第四章的理论评估，指标8A是评估中国公共政策执行的重要依据。从访谈中得知，政策目标群体可能缺乏判断效率的必要信息或者根本不关心这个指标。但是，对于政策过程更加透明的、存在利益相关者积极参与政策过程的，或者在实施过程中需要向目标群体收费的项目，指标8A可能对利益相关者而言也同样重要。因此，我们判断指标8A“潜在适用”于中国场景。

（二）指标8B：公平

1. 案例研究的发现

（1）案例1

受访者表示P1项目是分配公平的，但可能程序不公平。大多数受访者认为绝对的公平很难实现，分配公平也不是他们关心的问题，例如受访者1VC表示：“【农村】不可能绝对【公平】，有的【村民离垃圾收集点】远点，有的较近。”然而，有一些受访者认为当地居民被排除在项目运营之外，这是程序的不公平。

（2）案例2

大多数受访者认为P2项目是分配公平的，因为大多数村民都从该项目中受益，但是绝对的分配公平可能不是他们最关心的问题。受访者2HT表示：

> 据我所知，我们还没有达到【考虑分配公平】这一步。环保项目能够满足公众的基本需求。但村子不一样：有的富，有的在山里，有的大。以T2乡为例，两个村的人口占全乡人口的80%。所以我们很难做到绝对公平，只能做到相对公平。

然而，一些受访者抱怨垃圾收集的施工和建设应该由 V2 村完成，而不是被 T2 乡政府分包给承包工程队。受访者 2VS 说：“我只是觉得找一家公司来做这事【建设垃圾收集站】是浪费，【因为】最后还是村委会承担了【配合施工和项目运营管理】工作。”受访者可能认为存在某种程序的不公平。

2. 案例研究的启示

根据表 4.1，P1 和 P2 项目实现了分配公平，但隐含程序的不公平。在案例 1 和案例 2 中，指标 8B 均被视为“争议性失败 = 争议性成功”。因为不存在明显的分配不均，所以分配公平暂时不是 P1 和 P2 项目目标群体和决策者需要优先关注的问题，但他们可能会更加关注程序公平。目前的证据不足以确定公平是不是利益相关者的主要关注点，因此需要进一步研究并调查其他案例，特别是当分配或者程序不公平引发利益冲突时。因此，指标 8B“可能适用”于中国场景。

（三）指标 8C：适当性

正如第四章中讨论的，就适当性而言，一项成功的政策应该：①满足政策干预的需要；②提出充分可行的解决方案；③更重要的是，隐含着对“善”的道德判断，比如对可持续性发展等因素的考虑。

1. 案例研究的发现

在中国，“户分类、村收集、镇转运、县处理”是农村生活垃圾处理的基本机制（生态环境部，2016）。各村应清理农村生活垃圾，做好村庄清洁行动，同时也应组织动员农民群众自觉行动，培养形成维护村庄环境卫生的主人翁意识，提升垃圾分类效果。

（1）案例 1

P1 项目部分满足了政策干预的需要，为农村垃圾收集提供了基础设施和服务。然而，V1 村生活垃圾未分类且混杂：该项目没有教育公众对生活垃圾进行分类，也没有通过政策工具鼓励亲环境行为或者抑制随意丢弃行为，垃圾产生总量并未得到控制。

（2）案例2

P2项目满足了政策干预需求，为农村垃圾管理提供了充足的基础设施和综合服务，并以可持续性的方式实施。P2项目教育公众对生活垃圾进行分类，并为每户配备了垃圾桶，方便村民收集垃圾，并对垃圾进行粗略分类，例如将有机厨房垃圾分离出来用作肥料或动物饲料，从而减少了垃圾总量的产生。P2项目鼓励亲环境行为，授予表现良好的当地村户“环境五好户”称号。

2. 案例研究的启示

根据表4.1，指标8C在案例1中被认为是“争议性失败=争议性成功”。根据表4.1，指标8C在案例2中被认为是“绝对成功”。成功的政策可以满足政策干预的需要，提出充分可行的解决方案，更重要的是，隐含着对“善”的道德判断。我们认为指标8C“明确适用”于中国场景。

九、指标9：获取执行领域的支持

（一）案例研究的发现

P1项目和P2项目采用了类似第四章所示的“控制技术”来吸引利益相关者的支持。首先，正如指标7所讨论的，这两个项目都通过提供福利使目标群体受益，达成政策目标，以此获得目标群体的支持。其次，指令性权力是重要的“控制技术”，即“行政机构通过使用裁决程序、发布命令或指令的形式约束私人团体，表现其具有的权威”（Anderson，2003：226）。在这两个案例中，一部分村民、村党支部书记、村长和部分乡政府官员都是中共党员，他们自然会更加支持上级党组织的命令，以确保项目的实施。最后，奖惩，即“行政管理机构用以鼓励或迫使人们遵守自己的决定的手段”（Anderson，2003：271）。乡镇政府考核村党支部委员会和村民委员会的工作，其中环境状况是关键的绩效评估指标之一：这既是激励手段，也是约束手段。村党支部委员会或者村民委员会可以通过成功实施一项项目而获得激励，例如“五好党支部”的称号。上述的“控制技术”，在P1项目和P2项目中均被采用，但两个项目在“控制技术”的使用上仍存在一定的差异。

1. 案例 1

除上述“控制技术”外，P1 项目几乎没有使用其他“控制技术”。村干部表示，大多数村民支持项目实施，例如，“大多数村民支持项目，因为不存在冲突”（受访者 1VS），“如果村民不支持，这个计划就无法完成”（受访者 1VR）。然而，利益相关者对项目实施支持和反对的声音各半。村民们多次抱怨垃圾收集点的设计存在缺陷，而且由于环卫工人管理不善，项目未能取得预期效果。

2. 案例 2

P2 项目比 P1 项目使用了更多的“控制技术”，从而引导利益相关者强烈支持 P2 项目。除了乡镇政府考核村党支部委员会和村民委员会，村民委员会也为在项目运营过程中表现良好的村户授予“环境五好户”以及“文明家庭”的称号。这些称号奖励是鼓励项目目标群体环保行为的“控制技术”。P2 项目还通过提供免费的服务来吸引公众支持，例如免费提供垃圾桶，免费收集废弃家具、家电等大型生活垃圾。村民委员会的上述行动赢得了项目目标群体对项目实施的高度支持。

（二）案例研究的启示

P1 项目中使用了较少的“控制技术”。根据表 4.1，指标 9 在案例 1 中被认为是“争议性失败 = 争议性成功”。P2 项目中应用了更多“控制技术”，根据表 4.1，指标 9 在案例 2 中被视为“绝对成功”。显然，“控制技术”对于吸引利益相关者的支持是必要的，指标 9“明确适用”于中国场景。

十、指标 10：提升选举前景和声誉

（一）案例研究的发现

在这两个案例中，受访者都认为地方官员通过项目的实施获得了荣誉和认可，追求良好声誉可能有助于项目的成功实施。然而，没有证据表明任何

地方官员因项目实施或项目实施所获得的声誉而升职。

（二）总体调查结果

如果无法获得评估指标 10 所需的证据（见表 4.1），我们也无法进一步评估指标 10 在案例中的表现。指标 10 “可能不适用” 于中国场景，但乡镇级别可能具有一定的局限性，我们需要进一步放宽研究范围以确认该指标在中国场景的适用性。

十一、指标 11：让政府治理变得容易

（一）案例研究的发现

在这两个案例中，乡镇政府都将生活垃圾列为优先议程。受访者均表示，生活垃圾是农村地区一个重大而明显的环境问题，且与其他环境问题相比，更容易应对。生活垃圾处理项目可能会在短期内取得明显效果，并且只需要少量投资。因此，生活垃圾处理优先成为 T1 和 T2 乡的政府议程。但这两个案例研究区域中的其他环境问题，如生活污水处理、农膜污染和河流污染，都没有被提上议程。这些环境问题对地方政府来说都是严重、长期、棘手的问题，而且还可能缺乏合适的解决方案，例如如何处理农田收获后残留的大量农膜。这些问题可能超出了乡政府的处理能力，因此未能列入两地政府的议事日程。

（二）案例研究的启示

根据表 4.1，指标 11 在这两种情况下均被视为 “绝对成功”。地方政府可以将容易采取行动、短期内能取得明显效果且只需要少量投资的环境问题优先纳入政府议程，指标 11 “明确适用” 于中国场景。

十二、指标 12：促进国家战略目标

（一）案例研究的发现

所有受访者都认为，P1 和 P2 项目都促进了中央政府建设生态文明的指

导方针，也没有证据表明这两个项目与其他国家的发展轨迹相冲突。而且，更好的乡村环境有助于将 V1 村打造成马铃薯交易中心，也有助于 V2 村旅游业的发展。

（二）总体调查结果

根据表 4.1，P1 和 P2 项目完全符合国家战略目标，指标 12 在这两个案例中均被视为“绝对成功”。地方政府推出的项目有助于维护和促进中央政府的“愿景和承诺”，指标 12“明确适用”于中国场景。

十三、指标 13：为政府提供政治利益

（一）案例研究的发现

在这两个案例中，地方政府都获得了较大的政治利益。乡镇政府为目标群体提供公共服务，满足目标群体的需求。乡镇政府也通过控制议程和实施符合国家发展轨迹的项目来维持政治秩序。所有受访者都表示，由于 P1 和 P2 项目，他们对乡镇政府的支持程度增加了“较多”或“很多”。

（二）案例研究的启示

在这两个案例中，地方政府都获得了较大的政治利益。根据表 4.1，指标 13 在这两个案例中均被视为“绝对成功”。指标 13“明确适用”于中国场景。然而，政治是有争议的，并且总是存在对“谁的成功”的担忧（Marsh 和 McConnell，2010）。如第四章所述，未能为利益相关者提供政治利益可能会引起政策争议，甚至反对政策。这里的利益相关者不仅仅指政府，政党、政府官员和公民也可能从公共政策中获得政治利益，从而影响他们对政策的支持程度。因此，我们建议在第二阶段研究中，将指标 13 的范围从“为政府提供政治利益”扩大到“提供政治利益”来综合评价政策带来的政治利益。

第三节　对 McConnell 框架的实证测试和评估：基于案例 1 和案例 2

第一阶段的案例研究对经过理论评估和初步修订后的 McConnell 框架指标进行了实证测试和评估。表 5.2 总结了第一阶段收集的数据和评估结果，所有指标均可归入 4 个“适合程度”类别（见表 3.3）。

• 明确适用：8 项指标得到充分的证据支持，并且明确适用于中国场景，即政策实施符合政策目标（指标 5）、政策实施取得了预期效果（指标 6）、使目标群体受益（指标 7）、适当性（指标 8C）、获取执行领域的支持（指标 9）、让政府治理变得容易（指标 11）、促进国家战略目标（指标 12）、为政府提供政治利益（指标 13）。

• 潜在适用：对于下列 2 个指标，访谈没有明确说明但却提供了该指标适用的潜在线索，同时文献也强烈支持其在中国场景下的应用：确保合法性（指标 2）和效率（指标 8A）。然而，我们需要进一步调查，并提供更多的证据来支持这 2 个指标。

• 可能适用：支持下列 2 个指标的证据不充分，即获取计划领域的支持（指标 4）和公平（指标 8B）。从理论上讲，它们仍然很重要，并且可能适用于中国场景。我们认为，可能会在其他案例中找到支持这 2 个指标的证据，但需要进一步的调查。

• 可能不适用：以下 3 个指标没有得到文献的支持，在案例中也没有发现证据支持，因此它们可能不适用于中国场景，即政策目标和政策工具的留存度（指标 1）、建立可持续的政策联盟（指标 3）以及提升选举前景和声誉（指标 10）。我们认为在其他案例的进一步调查中很可能会得出相同的结论。但可以肯定的是，我们应该进一步调查并验证这一阶段的发现。

表5.2 对修正后的McConnell框架的实证测试和评估总结：第一阶段

序号	指标	评估结论	第一阶段评估结果总结和进一步调研的需求
1	政策目标和政策工具的留存度	可能不适用	缺乏乡镇一级政府的决策信息且其政策采纳过程并不透明，但更确定的判断还需要更多的证据
2	确保合法性	潜在适用	如果仅从“程序的合法性”这个角度考虑合法性时，我们尚不清楚案例的“程序合法性”是否得到保证，因为我们无法获得评估“程序的合法性”所需的信息。然而，如果指标2的定义更广泛，包括“内容或行动的合法性”，即当利益相关者质疑政策内容或政府行动时，政策的合法性可能会受到挑战。不排除在其他案例中政策合法性会受到挑战，因此还需要更多的证据
3	建立可持续的政策联盟	可能不适用	政策制定过程发生在乡镇一级时，政策制定过程没有建立起可持续的政策联盟。但是利益相关者有可能在其他级别组建联盟，以促进议题的通过或否决有关决策，因此还需要更多的证据
4	获取计划领域的支持	可能适用	案例表明在政策制定过程中吸引广泛利益相关者支持并不具有必要性。如果中国的公共政策制定不需要利益相关者的支持，那么这个指标在中国就不适用。然而中国行政决策模式正在经历从管理主义模式到参与式治理模式的转变，不排除在其他案例中，吸引广泛的利益相关者支持是至关重要的
5	政策实施符合政策目标	明确适用	有必要评估政策的实施是否与其目标一致，以充分判断其成功或失败
6	政策实施取得了预期效果	明确适用	有必要评估政策的实施是否取得了预期的效果，以充分判断其成功或失败
7	使目标群体受益	明确适用	为目标群体提供公共福利，是公共政策的初衷之一，因此受益/获益/利益是目标群体判断项目成功与失败的核心依据之一
8A	效率	潜在适用	案例中无法获取评估指标8A所需的信息，无法判定该指标的成功或者失败。政策目标群体可能缺乏判断效率的必要信息或者根本不关心这个指标。但是，对于政策过程更加透明的、存在利益相关者积极参与政策过程的，或者在实施过程中需要向目标群体收费的项目，指标8A可能对利益相关者而言也同样重要

续表

序号	指标	评估结论	第一阶段评估结果总结和进一步调研的需求
8B	公平	可能适用	因为不存在明显的分配不均，所以分配公平暂时不是项目目标群体和决策者需要优先关注的问题，但他们可能会更加关注程序公平。目前的证据不足以确定公平是不是利益相关者的主要关注点，因此需要进一步研究并调查其他案例，特别是当分配或者程序不公平引发利益冲突时
8C	适当性	明确适用	成功的政策可以满足政策干预的需要，提出充分可行的解决方案，更重要的是，隐含着对“善”的道德判断
9	获取执行领域的支持	明确适用	案例均采用了类似但又存在区别的“控制技术”来吸引利益相关者的支持，“控制技术”对于吸引利益相关者的支持是必要的
10	提升选举前景和声誉	可能不适用	案例中受访者都认为地方官员通过项目的实施获得了荣誉和认可。追求良好声誉可能有助于项目的成功实施，但是没有证据表明任何地方官员因项目实施或项目实施所获得的声誉而升职。乡镇级别可能具有一定的局限性，我们需要进一步放宽研究范围以获取更多的证据，从而确认该指标在中国场景的适用性
11	让政府治理变得容易	明确适用	地方政府可以将容易采取行动、短期内能取得明显效果且只需要少量投资的环境问题优先纳入政府议程，以使政府治理变得容易
12	促进国家战略目标	明确适用	地方政府推出的项目有助于维护和促进中央政府的“愿景和承诺”
13	为政府提供政治利益	明确适用	地方政府通过政策实施获得了较大的政治利益

第四节　衡量案例 1 和案例 2 的成败

我们将修改后的 McConnell 框架应用于案例研究，以得出政策成功或政策失败的结论。McConnell 使用“总体失败 = 微不足道的成功、争议性失败 = 争议性成功、可容忍的失败＝有韧性的成功”这 3 种程度指标衡量其指标体系中每一个指标的成功或失败。然而，某些指标有可能被评估为“绝对失败”和“绝对成功”。因此，我们添加了两个额外的参考点，即“绝对失败”和“绝对成功”，以补充 McConnell 的框架，用于评估“计划”“执行”和“政治”领域以及单个评估指标的成功或失败的程度（参见第四章第三节）。我们使用表 4.1 作为衡量每一个指标相对成功和失败的指南。表 5.3 总结了案例 1 和案例 2 中每项指标的成功或失败的情况。

表 5.3 修正后的 McConnell 框架中各指标的成功或失败：案例 1 和案例 2

序号	指标		成功/失败不明确		绝对失败		总体失败＝微不足道的成功		争议性失败＝争议性成功		可容忍的失败＝有韧性的成功		绝对成功	
			案例1	案例2	案例1	案例2	案例1	案例2	案例1	案例2	案例1	案例2	案例1	案例2
1	计划	政策目标和政策工具的留存度	✓	✓										
2		确保合法性	✓	✓										
3		建立可持续的政策联盟			✓	✓								
4		获取计划领域的支持			✓	✓								
5	执行	政策实施符合政策目标					✓					✓		
6		政策实施取得了预期效果					✓							✓
7		使目标群体受益							✓					✓
8A		效率	✓	✓										
8B		公平							✓	✓				
8C		适当性							✓					✓
9		获取执行领域的支持							✓					✓

续表

序号	指标		成功/失败不明确		绝对失败		总体失败=微不足道的成功		争议性失败=争议性成功		可容忍的失败=有韧性的成功		绝对成功	
			案例1	案例2	案例1	案例2	案例1	案例2	案例1	案例2	案例1	案例2	案例1	案例2
10	政治	提升选举前景和声誉	✓	✓										
11		让政府治理变得容易											✓	✓
12		促进国家战略目标											✓	✓
13		为政府提供政治利益											✓	✓

表 5.3 显示，在案例 1 和案例 2 中，每项指标都有不同程度的成功和失败。我们开发了一种方法（参见第三章第二节）来分析每个领域（计划、执行和政治）的成败以及政策总体的成败。根据这个方法，表 5.4 显示了每个指标、每个领域的得分以及案例 1 和案例 2 的总体得分。

表 5.4　指标和领域的得分以及案例 1 和案例 2 的总体得分

序号	领域	指标	案例 1	领域的均值	案例 2	领域的均值
1	计划	政策目标和政策工具的留存度	无法评估	2/2=1	无法评估	2/2=1
2		确保合法性	无法评估		无法评估	
3		建立可持续的政策联盟	1		1	
4		获取计划领域的支持	1		1	
5	执行	政策实施符合政策目标	2	16/6=2.7≈3	4	27/6=4.5≈4
6		政策实施取得了预期效果	2		5	
7		使目标群体受益	3		5	
8A		效率	无法评估		无法评估	
8B		公平	3		3	
8C		适当性	3		5	
9		获取执行领域的支持	3		5	

续表

序号	领域	指标	案例 1	领域的均值	案例 2	领域的均值
10	政治	提升选举前景和声誉	无法评估	15/3=5	无法评估	15/3=5
11		让政府治理变得容易	5		5	
12		促进国家战略目标	5		5	
13		为政府提供政治利益	5		5	
项目的均值				(1+2.7+5)/3=2.9≈3		(1+4.5+5)/3=3.5≈4

注：绝对失败=1；总体失败=微不足道的成功=2；争议性失败=争议性成功=3；可容忍的失败=有韧性的成功=4；绝对成功=5。根据每个领域和整个项目的成功或失败程度计算平均分数。

根据表 5.4，我们可以得出以下结论：①在案例 1 中，“计划”领域被视为“绝对失败”，“执行”领域被视为“争议性失败=争议性成功”，“政治”领域被视为“绝对成功”。综合评估，案例 1 被视为“争议性失败=争议性成功”。②在案例 2 中，“计划”领域被视为“绝对失败”，“执行”领域被视为“可容忍的失败=有韧性的成功”，“政治”领域被视为“绝对成功”。综合评估，案例 2 被认为“可容忍的失败=有韧性的成功”。

第五节　使用 MEE 框架进行评估

如第三章所述，仅基于 McConnell 框架的评估结果可能无效，应使用三角互证法来帮助确保研究的有效性。我们作为第三方研究者使用了 MEE 框架对案例研究进行独立评估，初衷是比较 3 种不同评估方法得出的结果：使用 McConnell 框架、MEE 框架（独立第三方）与使用 MEE 框架（政府部门）的评价结果。然而，我们无法获取政府部门使用 MEE 框架评估案例 1 或案例 2 的相关报告。

MEE 框架（见附录 A）提供了一系列评估指标，并根据污染类型，区分了指标的相对权重。然而，MEE 框架存在一定的缺陷（见第一章），所以，特别针对生活垃圾项目，我们修订了 MEE 框架（见附录 C），并提出了一套研究方法作为判断分项指标的基础。

作为第三方研究者，我们在案例 1 和案例 2 中使用修订后的 MEE 框架（见附录 C）进行评估的结果如表 5.5 所示。该调查结果基于公开文件、现场观察和深度访谈等资料得到。MEE 框架将评价结果分为优秀、良好、一般和较差 4 个等级。相应的评估分数为：优秀≥90，70≤良好<90，60≤一般<70，较差<60。因此，基于修订后的 MEE 框架，我们对案例 1 和案例 2 的评估结果如下：①案例 1 得分为 38.8 分，被评为“较差”；②案例 2 得分为 94 分，被评为“优秀”。

需要说明的是，MEE 框架与 McConnell 框架中的指标 5（政策实施符合政策目标）和指标 6（政策实施取得了预期效果）涵盖的事项高度类似。我们使用 McConnell 框架的指标 5 和指标 6 得出两个案例的平均得分：案例 1＝（2+2）/2＝2，案例 2＝（4+5）/2＝4.5。因此，使用 McConnell 框架指标 5 和指标 6 的评估结果与使用修改后的 MEE 框架的评估结果基本一致，进一步证实了本节研究结果的有效性。

表 5.5　作为第三方研究者使用修订后 MEE 框架的评估结果：案例 1 和案例 2

	序号	指标名称	权重	要求	案例 1	评估得分	案例 2	评估得分
任务完成情况	1	环境整治目标完成情况	8	达到了项目申请预定的目标	部分达成预定目标；没有取得显著的效果	2	部分达成预定目标；取得了显著的效果	6
	2	村民对环境状况满意率	8	≥95%	87.5%	4	90%	4
	3	农村环境保护机构队伍建设	8	在项目所在乡镇设立了环保机构、配备了专职环保人员负责项目实施和管理	聘请了兼职人员负责项目实施和管理	4	聘请专职人员负责项目实施和管理	8

续表

	序号	指标名称	权重	要求	案例 1	评估得分	案例 2	评估得分
环境整治效果	4	生活垃圾定点存放清运率	23	=100%	60%	13.8	100%	23
	5	生活垃圾无害化处理率	23	≥70%	部分转运的垃圾没有在官方垃圾填埋场处理，而是被随意倾倒	0	100%	23
	6	污染治理设施的运行与管理	30	污染治理设施运行稳定，后续管理、运行费用落实	设施运行不稳定；后续管理和运营费用有保障	15	设施运行稳定；后续管理和运营费用有保障	30
			100			38.8		94

注：指标修订以农村环境综合整治“以奖促治”项目环境成效评分表（见附录 A）为基础；因考虑效度，剔除第 3、18、19 项；专门针对生活垃圾处理项目时，不纳入第 5~8 和 12~17 项；剩余项目的权重对应发生变化。项目环境成效评估采用计分法，评估总分为 100 分（生态环境部，2010b）。

第六节 小结

第一阶段的实证研究通过两个选定案例，测试经过理论评估的 McConnell 政策评估框架。研究结果表明，在中国场景下，McConnell 的政策评估指标可列入 4 个“适合程度”的类别，即“明确适用”“潜在适用”“可能适用”和“可能不适用”：8 个指标“明确适用”、2 个指标“潜在适用”、2 个指标“可能适用”、3 个指标“可能不适用”于中国场景。

经过理论评估的 McConnell 政策评估框架也被应用于案例研究，以得出政策成功或政策失败的结论。案例 1 被视为“争议性失败=争议性成功”，案例 2 被视为“可容忍的失败=有韧性的成功”。

作为第三方研究者，我们也使用修订后的 MEE 框架（见附录 C）进行了评估，案例 1 被视为“较差”，案例 2 被视为“优秀”。使用 McConnell 框架中指标 5 和指标 6 的评估结果与使用修订后的 MEE 框架的评估结果基本一致。需要进一步调查，为 McConnell 政策评估框架在中国的应用提供补充证据。

根据第一阶段的调查结果，无论政策项目的类型和政策过程如何，一些指标被认为对于评估中国场景下的政策成功或失败至关重要，例如指标 6 和指标 7。然而，项目的类型和政策过程可能会极大地影响一些评估指标，特别是那些被分类为“潜在适用”“可能适用”和“可能不适用”的指标。由于第一阶段研究没有提供足够的证据得出结论，在第二阶段研究中，我们考虑了农村生活垃圾治理以外的不同类型的项目，并将政策过程设置在村和县一级，以补充第一阶段研究的结果。下一章报告为对 McConnell 框架第二阶段的评估和应用。

第六章　McConnell 框架的评估和应用：第二阶段

第五章报告了对 McConnell（2015）政策评估框架的第一阶段案例研究。第一阶段案例研究将评估指标归入 4 个“适合程度”的类别，即“明确适用”“潜在适用”“可能适用”和“可能不适用”。

作为自适应学习和三角互证法的下一步，本章报告了对 McConnell 政策评估框架的第二阶段案例研究。第二阶段案例研究的目的是更深入地了解各个评估指标并得出政策成功或政策失败的结论。这一阶段的评估旨在确认在第一阶段案例研究中被评估为“明确适用”的指标是否会显示相同的结果。同时，我们会进一步分析在第一阶段中被评估为“潜在适用”“可能适用”和“可能不适用”的指标在不同类型环保项目和差异化政策过程的案例中的适用性。

第二阶段的案例研究选取了两个具有相似背景但却存在足够差异的案例：这两个案例都实施了针对农村生活污水的环境综合整治方案；案例 3 的决策过程发生在村一级，案例 4 的决策过程发生在县一级，而第一阶段案例的决策过程都发生在乡镇一级。这两个案例具有相似的社会、文化和政治背景，但是它们的经济背景和自然地理条件存在明显的差异。

本章首先从案例研究的描述开始。其次，我们使用一个固定的方式来呈现每个指标的案例研究结果，即第一阶段案例研究的结果；第二阶段案例研究的发现；第二阶段案例研究的启示。最后，作为独立第三方研究者，本章报告了使用修订后的 MEE 框架（修订后农村环境综合整治“以奖促治”项目环境成效评分表，见附录 D）对上述两个案例进行评估的结果。

第一节　案例介绍

一、案例 3

选取 X 省 CY3 市 DS3 区 T3 乡 V3 村为案例 3。V3 村面积 5~10 平方公里，常住 200~500 户、1000~2000 人。农产品种植，例如大蒜种植，是该村的支柱产业。农业残留物，特别是秸秆，是该村的主要环境问题。

V3 村实施了一项名为“厕所再建”的环境综合整治项目（P3 项目）。该项目旨在村民房屋内安装抽水马桶（如果条件允许，可以加装洗手池和淋浴系统，见图 6.1），污水则通过管道连接到村民屋前的地下存储坑中。该村大约 1/3 的村户参与了该项目。

P3 项目的决策过程发生在村一级，由 V3 村发起并随后作为全乡的试点案例进行推广。P3 项目方案经村党支部委员会会议、村民委员会会议、村民代表会议讨论通过，由 V3 村村民委员会负责实施。在项目实施过程中，T3 乡政府和 DS3 区农牧局对 P3 项目进行监督。

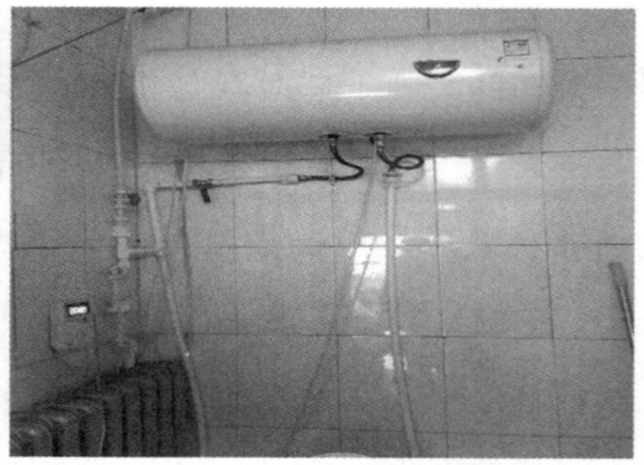

图 6.1　村民家中的抽水马桶、洗手池、淋浴系统

二、案例 4

截至 2018 年，CT4 县 90%行政村的生活污水未得到有效治理和管控，也成为 XX 湖的主要污染源之一。XX 湖是 X 省最大的湖泊之一，但近年来湖泊面积正在迅速缩小，并受到严重污染。为此，CT4 县实施了《农村牧区人居环境整治三年行动实施方案（2018—2020 年）》，即 P4 项目。

P4 项目的目标之一就是使农村生活污水得到有效治理和管控，进一步防止 XX 湖受到污染。为此，该计划旨在将城市污水管网延伸至县政府所在地周边行政村。此外，对于远离县政府所在地的村庄，P4 项目还采用了 3 种生活污水处理设施[①]，即污水处理站、一体化废水处理设施（见图 6. 2 左）和分散式污水处理设施（一体式净化槽，见图 6. 2 右）。项目鼓励有条件的农村房屋接入生活污水处理设施，并安装抽水马桶、洗手池、淋浴系统等相关设施，鼓励村民使用污水处理设施产生的再生水[②]来灌溉农田。

P4 项目的决策过程发生在县一级，由 CT4 县政府提出，县住房和城乡建设局负责起草方案并组织实施，县住房和城乡建设局具体负责这项工作。CT4 县生态环境局、生态环境保护综合行政执法大队与县住房和城乡建设局合作实施 P4 项目。

V4 村（X 省 CY4 市 CT4 县 T4 乡）距离 XX 湖较近，是 P4 项目的目标行政村之一。V4 村面积 5~10 平方公里，常住 200~500 户、1000~2000 人。出售大棚蔬菜是该村的主要经济来源，其年蔬菜贸易量在 15000~30000 吨，年收入为 800 万~1600 万元，这也是 V4 村与 T4 乡的其他村庄相比相对富裕的主要原因。V4 村安装了一个处理量为 50 吨/天的集装箱一体化污水处理设施（见图 6. 2 左），该设施主要连接村口的观光公园和餐厅，但并未连接村户及

① 目前污水一体化处理设施处理规模多为 5~50 吨/天，故在污水产生量大于 50 吨/天的村建设污水处理站集中处理，5~50 吨/天的村采用一体化废水处理设施，小于 5 吨/天的村采用分散式污水处理设施（CT4 县人民政府，2018）。

② 再生水可用于非饮用水，例如用于露天灌溉和工业，或通过含水层和水库补给来增加饮用水供应。再生水也被用于通过减少盐水入侵和增加河流流量来改善环境（Water New Zealand，2010）。

村内公厕。

图 6.2 集装箱一体化废水处理设施（左）和一体式净化槽（右）

第二节 McConnell 框架及其指标体系的案例评估

一、指标 1：政策目标和政策工具的留存度

（一）第一阶段案例研究的结果

第一阶段案例研究表明，由于缺乏乡镇一级政府的决策信息且其政策采纳过程并不透明，我们认为指标 1 “可能不适用” 于中国场景。

（二）第二阶段案例研究的发现

1. 案例 3

P3 项目的采纳过程主要发生在 V3 村。对 P3 项目方案的讨论和修改主要通过非正式的形式，例如与 T2 乡和 DS3 区的政府官员通电话和非正式会面、与村干部聊天、走访村民等。这类非正式的沟通取代了书面的方案形成过程，但这个过程并没有被记录下来，也没有形成书面的项目草案和项目可选方案。因此，公众也无法知道项目建议、草案和可选方案与最终通过的项目方案之间究竟发生了哪些变化。

2. 案例 4

P4 项目经过多次讨论并在 CT4 县政府常务会议上获得通过，但会议纪要无法检索。来自县政府的受访者表示，除了项目投资金额和某些被选定优先实施项目的村庄发生变化外，该项目草案与最终项目方案在政策目标和工具方面没有发生重大变化。然而，无论是否发生重大变化，公众对这些变化都知之甚少。

（三）第二阶段案例研究的启示

在这两个案例中，公众对项目建议、草案或者可选方案的哪一部分发生了变化以及为什么会发生这种变化知之甚少。如果无法获得评估指标 1 所需的信息，则我们无法测量指标 1。第二阶段研究建立在第一阶段研究结果的基础上，最终证实指标 1 “不适用” 于中国场景。

二、指标 2：确保合法性

（一）第一阶段案例研究的结果

第一阶段案例研究表明，指标 2 “潜在适用” 于中国场景。受访者很少关注政策合法化的过程。但是，当利益相关者质疑政策内容或政府行动时，政策的合法性可能会受到挑战。虽然在案例 1 和案例 2 中我们没有观察到上述现象，但不排除在其他案例中政策合法性会受到挑战。第二阶段案例研究保留了指标 2，但我们将指标 2 定义得更为广泛：指标 2 不仅包括 “程序的合法性”，也包括 “内容或行动的合法性”。

（二）第二阶段案例研究的发现

1. 案例 3

P3 项目的决策过程严格履行了 “532 工作法”[①]，因此村干部认为其决策

① “532 工作法” 是指村级重大事项的决策管理、组织实施，都必须严格履行 “五道程序”、依次通过 “三次审核”、坚持实行 “两个公开”。“五道程序” 即党支部提议、“两委” 商议、党员大会审议、村民代表会议或村民会议决议、“两委” 共同组织实施。

过程是合法的。受访者3VS表示：

> 我们提出P3项目以后，召开了村党支部会议、村委会会议、村代表大会。项目【该提案】在这些会上【通】过了。按照“532工作法”，在任何一个会议上，如果有什么问题被否决了，我们就不能做。所以【项目】是合法的。

尽管如此，村民们实际上并不关心正式的政策制定过程。受访者普遍强调：如果该项目没有侵犯项目目标群体的利益，且没有引起任何冲突，那么他们就不应该质疑政策的合法性。

2. 案例4

受访者认为，政策制定过程是否具备程序合法性并不那么重要。受访者4FR表示：“上级【政府】的命令就不存在违法。”然而，政策目标群体会质疑政策内容和政府行为。在案例4中，村民们因为P4项目中没有明确的补偿条款而感到愤怒。一些村民们因在自家农田上为集装箱一体化污水处理设施架设电线杆而向政府寻求赔偿，但他们的要求并未得到满足。此类冲突和争议通常是通过权威的方式解决的。村民们抱怨村干部、乡镇官员甚至县政府官员多次走访村民家中，试图说服他们就补偿问题达成一致。又如，P4项目的实施过程中，村民委员会曾花费三天时间与村民协商污水处理设施的选址。最初，它被放置在一处公共土地上，但却靠近一处家族墓地。几天后，这家人向县政府投诉，他们认为污水处理设施破坏了家族的“风水”。最终，该设施被迫搬迁到另一处，但县政府已经花费了数千元进行地面平整。受访者4VR叹了口气说：“信任是在对小问题【的处理】上建立的。”政府的某些行为也可能会受到村民的质疑。例如，CT4县政府尝试在一些村民的农田下铺设污水管道。然而，村民们并不同意政府这样做。“我们向村民承诺【铺设管道后】恢复农田，但他们不让【我们铺设管道】，”受访者4DR说，“他们甚至骂我们在他们的田边【下】安【装】这种设施。”

(三) 第二阶段案例研究的启示

上述研究结果表明，在中国场景下，“确保合法性”更多地取决于政策内容或政府行为，而不是取决于政策制定过程是否具备程序合法性。只要公众接受并认可政策内容或政府行为，政策的合法性就会得到保证。当我们从“做什么”的角度考虑合法性时，根据表 4.1，指标 2 在案例 3 中被认为是“绝对成功”，然而，在案例 4 中就会被视为“总体失败＝微不足道的成功”。第二阶段的案例研究进一步表明，在大多数情况下，指标 2 在“内容或行动的合法性”方面“部分适用”于中国场景。

三、指标 3：建立可持续的政策联盟

(一) 第一阶段案例研究的结果

第一阶段案例研究表明，指标 3“可能不适用”于中国场景。利益相关者之间没有建立起旨在促进政策批准的政策联盟。

(二) 第二阶段案例研究的发现

1. 案例 3

在 V3 村，P3 项目在村党支部委员会、村民委员会和村民代表会议上讨论并通过。在此过程中，村党支部委员会和村民委员会“保留了自己的权威和权力，但承诺接受意见”（Fung，2006：69）。农村党员和村民代表可以进入决策过程并成为关键的信息中介，这表明边界规则更具包容性，允许更多的利益相关者参与其中。农村党员和村民代表听取利益相关者的建议，并向村党支部委员会和村民委员会反馈。这个过程是双向的，且农村党员和村民代表通过沟通、建议和协商对村党支部委员会和村民委员会的决策产生了较大影响。上述公众参与的程度接近“共治”。

表 6.1 总结了村级决策过程中的参与规则。在村级决策过程中，利益相关者之间的联盟通过广泛的公众参与形成：通过沟通、建议和协商达成广泛的共识可能是批准/否决村一级发起的提案所必需的。例如，V3 村村委会发

起的土地流转提案因利益相关者普遍反对而被否决。受访者 3VS 表示："如果有问题【议题】,【村党】支部委员会就会提出来讨论，但其他人【村民】不同意，我们怎么办？少数服从多数呗。"

表 6.1　案例 3 呈现的村级决策过程中的参与规则

参与者	边界规则	选择规则	聚合规则	信息规则
村民	可能进入	倾听建议；提供反馈	无	向农村党员和村民代表提供信息或从其处接收信息
村民代表	可能进入	倾听建议；提供反馈；参与决策过程	影响集体决策	信息中介
农村党员	可能进入	倾听建议；提供反馈；参与决策过程	影响集体决策	信息中介
村党支部委员会和村民委员会成员	进入	倾听建议；提供反馈；作出决策	民主集中制	从农村党员和村民代表处接收信息或向其反馈信息

2. 案例 4

P4 项目由 CT4 县住房和城乡建设局在 X 省环境科学研究院的协助下完成项目草案，该草案随后经县政府常务会议讨论并批准。县级的决策过程比村级的决策过程更具排他性，因为大多数利益相关者被排除在这一过程之外，他们也几乎没有影响政策或政府行动的期望。乡镇政府官员可以参与决策过程，但局限于提供有关当地自然地理条件和环保设施的基本信息。他们可以提出建议来影响县政府的决策，但没有投票权。县政府邀请第三方机构提供专业建议和决策依据。他们充当"技术专家"，但不能"对公共决策或资源直接行使权力"（Fung，2006：69）。

表 6.2 总结了县级决策过程中的参与规则。在这个层面上，可能不会形成联盟。边界规则限制了大多数利益相关者进入决策过程，选择规则定义了他们可能采取的行动，聚合规则限制了参与者的影响力。县政府保留接受、修改或拒绝政策建议的权威和权力，决策权集中在县政府及其下属部门官员手中。

表 6.2　案例 4 呈现的县级决策过程中的参与规则

参与者	边界规则	选择规则	聚合规则	信息规则
村民	不进入	无	无	向村民代表、村党支部委员会成员和村民委员会成员提供信息或从其处接收信息
村民代表	不进入	无	无	信息中介
农村党员	不进入	无	无	信息中介
村党支部委员会和村民委员会成员	不进入	无	无	信息中介
乡镇政府	可能进入	提供建议	影响	信息中介
第三方机构	可能进入	提供专业知识	影响	从县政府接收或向其反馈信息
县政府和下属部门	进入	倾听建议；提供反馈；作出决策	民主集中制	从上述信息源处接收信息并向乡镇政府反馈信息

(三) 第二阶段案例研究的启示

根据表 4.1，指标 3 在案例 3 中被认为是“绝对成功”，在案例 4 中被认为是“绝对失败”。在这两个案例中，规则约束利益相关者的参与，也是制度设计的一部分。在村这个层级，利益相关者可以组建联盟，从而批准或否决村干部提出的政策建议。但由于大多数利益相关者在县级决策过程中的参与受到限制，利益相关者在县级决策中组建联盟是不可能的。第二阶段案例研究表明，指标 3“部分适用”于中国场景：当政策在村级制定时存在联盟形成的条件，但在县级时则不然。

四、指标 4：获取计划领域的支持

(一) 第一阶段案例研究的结果

第一阶段案例研究表明，指标 4“可能适用”于中国场景。对于乡镇一级的政策制定过程来说，吸引公众的支持可能并不重要。

（二）第二阶段案例研究的发现

以下从政策制定过程的不同阶段讨论指标4，即议程设置、政策方案形成和政策方案采纳。

1. 议程设置

在中国“顶层设计、地方实施”的政治体制中，地方政府将上级政府提出的议程作为一项政治任务来执行。因此，村和县一级的议程设置可能不需要广泛的公众支持。首先，通过访谈得知，村民很少提出议程项目。议程项目通常由村党支部委员会或村民委员会根据上级或中央政府设定的议程提出。例如，P3项目就是对2015年提出的“厕所革命”号召的回应。其次，县级环境政策议程中的大部分项目是由中央政府预先设定的，县政府遵循这些议程并根据地区特点提出解决方案，例如P4项目。

2. 政策方案形成

（1）案例3

地方官员向利益相关者学习如何更好地制定政策。例如，受访者3VS表示，在P3项目方案形成的过程中，他经常与村民聊天，了解他们对村内生活污水排放和处理的看法，倾听他们的建议。农村党员和村民代表也经常与村民进行沟通，了解他们的诉求、担忧、不满以及P3项目实施后可能出现的问题。在政策方案形成的过程中，所有的诉求、担忧、不满和潜在的问题都被仔细考虑，并且反映在之后的政策方案中。因此，村集体的行动得到了项目目标群体的广泛支持。

（2）案例4

在县一级，政策制定过程中没有征求大部分利益相关者的意见。CT4县政府授权县住房和城乡建设局起草P4项目方案。然而，受访者4DR表示：“该部门【县住房和城乡建设局】中没有人具备这一领域的专业知识。”因此，X省环境科学研究院被聘为第三方机构负责协助起草项目方案。随后县住房和城乡建设局召集所有负责环境问题的乡镇官员参加P4项目会议，乡镇官员被要求提供有关当地自然地理条件和环保基础设施的信息。这些信息经汇总后提供给 X 省环境科学研究院作为起草项目方案的基础。在上述过程中，没有邀请项目目标群体参加项目方案的制定，项目目标群体也没有渠道对项目方案提出建议和意见。如后文所见，公众参与的缺失给该项目的实施带来了严重的阻碍。

3. 政策方案采纳

（1）案例 3

在村一级，政策的出台得到了政策目标群体的广泛支持。“532 工作法”规定，重大问题必须征求村民支持。受访者 3VS 表示：“工作流程【‘532 工作法’】规定，村党支部委员会作出的决定必须经过村党员代表大会和村民代表大会批准才能进一步实施。”

（2）案例 4

如表 6.2 所示，县一级的决策过程比乡镇和村更具排他性，大多数利益相关者被排除在外。乡镇政府可以参与这一过程，但聚合规则限制了他们的影响力。决策权集中在县级官员，而不是公众、乡镇政府或技术专家手中。县政府在作出决定时没有寻求公众或其他利益相关者的支持。

（三）第二阶段案例研究的启示

根据表 4.1，指标 4 在案例 3 中被认为是“绝对成功”，在案例 4 中被视为“绝对失败”。政策议程的设置可能不需要广泛公众支持，无论是在村级还是县级。在村一级，政策方案的形成和采纳过程试图征求公众意见以及吸引公众支持，但在县一级并没有这种情况发生。因此，第二阶段的案例研究表明，指标 4“部分适用”于中国场景。

五、指标 5：政策实施符合政策目标

（一）第一阶段案例研究的结果

第一阶段案例研究表明，指标 5“明确适用”于中国场景。第一阶段的案例部分或者基本符合政策目标。

（二）第二阶段案例研究的发现

“建设生态文明”是农村环境综合整治政策的核心理念，具体政策目标有两个：①控制农村地区最突出的环境污染；②对目标群体进行环境保护教育，帮助目标群体参与农村环境保护（生态环境部，2010a）。

1. 案例 3

P3 项目没有达成第一个政策目标，受访者认为农村污水并不是 V3 村最突出的环境污染。受访者 3FR 这样描述农村污水：“农村的生活废水不卫生，但不会严重污染我们村的环境。”从饮用水的角度来说，V3 村的饮用水取自距离村庄较远的一口 170 米深的水井，饮用水也被储存在几个水罐中。村民可以直接通过家里的管道取水，一般不存在饮用水被污染的风险。相反，受访者认为秸秆是该村的主要环境问题，但此问题并未提上议程（见图 6.3）。受访者 3HT 表示：“焚烧秸秆是一个问题，特别是在农业地区。秋收后，秸秆如何处理是一件棘手的事情。尽管禁止，但一些村民仍然在秋天焚烧秸秆。”

图 6.3　农地里的秸秆残留

P3 项目也没有达成第二个政策目标。没有证据表明该项目对村民进行了环境保护教育，帮助村民树立了生态文明理念并且参与了农村环境保护。如前所述，虽然 P3 项目方案的形成过程依托于“共治”和集体决策，但该方案并未考虑农牧业生产和生活废弃物的资源化利用。例如，为了储存生活污水，参加 P3 项目的村民家前院都建有 3.5 米深的防渗漏存储坑（见图 6.4）。存储坑设计为密封，但每隔 1 个月就需要使用吸粪车将生活污水吸出并运走。然而，在过去几千年的中国传统农业中，粪肥被认为是一种宝贵的肥料（King，2004），P3 项目显然造成了一定的资源浪费。

图 6.4 井盖下的存储坑（左）和用于存储坑排气的管道（右）

2. 案例 4

P4 项目达成了第一个政策目标。由于 V4 村靠近 XX 湖，很多受访者认为农村生活污水的随意排放造成了水体污染。而且 V4 村的经贸活动非常活跃，使水污染问题越来越严重（见图 6.5）。受访者 4CE 和受访者 4DR 均表示："最应该做，但最难做的就是【农村生活】污水处理。"

图 6.5 治理前的 XX 湖湿地面积迅速萎缩，几乎变成了盐滩（左）；一条与 XX 湖相连的污水渠（右）

P4 项目没有达成第二个政策目标。没有证据表明该项目对村民进行了环境保护教育，帮助村民树立了生态文明理念并且参与了农村环境保护。由于 V4 村外存在大量水浇地（见图 6.6 左），以及 V4 村的主要经济来源大棚蔬菜种植也需要大量灌溉，长期使用地下水可能会加剧当地的水资源短缺。当地官员意识到上述问题，因此，P4 项目支持村民使用集装箱一体化污水处理设施产生的再生水来灌溉农田和大棚蔬菜。然而，村民对集装箱一体化污水处理设施和 P4 项目都缺乏基本的了解，因此拒绝使用再生水。访谈中发现，如果无法让村民了解再生水的基本常识，村民可能无法与地方官员就再生水的使用达成共识。

图 6.6　V4 村外的水浇地（左）和现代农业科技观光示范园（右）

（三）第二阶段案例研究的启示

P3 项目没有达成政策目标。根据表 4.1，指标 5 在案例 3 中被视为“绝对失败”。P4 项目达成了第一个政策目标，但没有达成第二个政策目标。根据表 4.1，指标 5 在案例 4 中被视为“争议性失败=争议性成功”。第二阶段案例研究进一步确认，指标 5“明确适用”于中国场景。

六、指标 6：政策实施取得了预期效果

农村环境综合整治政策旨在取得以下预期效果：①改善农村环境和卫生；②提高目标群体的环境意识，促进目标群体的亲环境行为（国务院办公厅，

2009）。

（一）第一阶段案例研究的结果

第一阶段案例研究表明，指标6“明确适用”于中国场景。案例1中的农村环境综合整治项目部分达到了预期效果，案例2则完全达到了预期效果。

（二）第二阶段案例研究的发现

1. 案例3

P3项目在一定程度上取得了第一个预期效果。受访者3FR表示：“旱厕不【卫生】环保，以前夏天到处都是蛆，现在【污染】控制得挺好。”但由于大部分旱厕已经被多个公厕所取代，该项目的效果可能并不显著。受访者3VS表示：“2016年村里建了很多新式公厕，农村厕所也不【再】脏了。”另外，只有大约1/3的农户参与了P3项目，这显然不足以对整个村庄产生实质性的影响。

P3项目在一定程度上取得了第二个预期效果。尽管P3项目并不是为了资源的可持续利用而设计的，但它有助于规范生活污水的排放行为。在中国农村，农村房屋基本都是自建的，散落在村庄里，尤其在早期，没有特定的规划。因此，农村生活污水的排放是随意的，且生活污水排放的方式有多种：有的生活污水排入明渠和阴沟，有的则直接排入附近的溪流、河流和湖泊。一些农民使用生活污水来灌溉田地，也有部分生活污水直接洒在地上蒸发或渗入土壤。P3项目帮助农户将旱厕升级为抽水马桶，一部分家庭同时安装了厨房和卫浴系统，从而改变了项目参与者的生活污水处理习惯，例如做饭、洗手和洗浴等产生的废水不再被随意排放。但值得注意的是，大约2/3的农户没有参与该项目，因此对他们来说该项目的影响尚不明确。

2. 案例4

P4项目在一定程度上取得了第一个预期效果。集装箱一体化污水处理设施对该村50%的污水进行了处理，然而污水主要来自“现代农业科技观光示范园”和紧邻的一家大型餐厅，村户的生活污水反而未经集装箱一体化污水处理设施处理，村户仍然使用自家房前的旱厕或公共厕所（见图6.7），这两种厕所都没有管道连接到集装箱一体化污水处理设施。V4村农户的生活污水并未得到处理，部分污水仍会排入明渠、阴沟，甚至附近的溪流，进而污染XX湖。

图6.7 村户门前的旱厕（左）和村中的公共厕所（右）均未连通污水处理设施

P4项目没有取得第二个预期效果，村民拒绝使用再生水（见图6.8），受访者4DR表示：

> 生活污水经处理后达到国家标准，再生水不会污染地下水和生态系统。它可用于【灌溉】农田【或大棚蔬菜】。但是，村民们不用它，他们说这是脏水。去年我们就遇到了这样的问题，人民群众真的骂【责备】我们。

图6.8 温室大棚（左）和不使用再生水的水浇地（右）

（三）第二阶段案例研究的启示

P3 项目有限度地取得了两个预期效果。根据表 4.1，指标 6 在案例 3 中被视为“争议性失败＝争议性成功”。P4 项目有限度地取得了第一个预期效果，但没有取得第二个预期效果。根据表 4.1，指标 6 在案例 4 中被视为“总体失败＝微不足道的成功”。第二阶段案例研究进一步确认，指标 6“明确适用”于中国场景。

七、指标 7：使目标群体受益

（一）第一阶段案例研究的结果

第一阶段案例研究表明，指标 7“明确适用”于中国场景。为目标群体提供公共福利是判断政策成功的核心依据之一。

（二）第二阶段案例研究的发现

1. 案例 3

P3 项目增加了目标群体的支出。首先，参加 P3 项目的村户每月需要雇用吸粪车将生活污水吸出并运走。虽然雇用吸粪车的费用由参加项目的村户均摊，但每户居民每年大约需要花费 120 元，且此费用不计入项目补贴中。其次，修理在寒冬中破裂的管道将是一项额外费用。此外，村民还需要购买更多的肥料，因为粪肥曾经是农肥很好的补充。尽管存在这些不足，参与该项目的村民还是从 P3 项目中广泛受益。他们很高兴使用新式厕所（有些家庭加装了卫浴和排水系统），因为它既干净卫生，又比旱厕方便得多，特别是对于年长的村民来说。

2. 案例 4

大多数受访者对他们是否从项目中受益表示怀疑，他们普遍回避这个问题，并且回答说：“我不知道。”首先，如本章第二节所述，该项目的实施与目标群体多次发生冲突。其次，V4 村住户的生活污水实际未经处理，而且村民也拒绝使用再生水灌溉农田。

（三）第二阶段案例研究的启示

参与 P3 项目的村民很高兴从项目实施中获益，尽管该项目会增加他们的支出。根据表 4.1，指标 7 在案例 3 中被认为“可容忍的失败 = 有韧性的成功”。V4 村的村民没有明显地从项目实施中获益，P4 项目的实施甚至侵犯了部分村民的利益。根据表 4.1，指标 7 在案例 4 中被视为“绝对失败”。第二阶段研究进一步确认，指标 7“明确适用”于中国场景。

八、指标 8：效率、公平和适当性

根据第四章的内容，我们建议使用指标 8A（效率）、指标 8B（公平）和指标 8C（适当性）来取代 McConnell 原来的指标 8（满足政策评估领域高度重视的指标），我们认为这 3 个指标与 McConnell 框架中的其他指标同等重要。

（一）指标 8A：效率

1. 第一阶段案例研究的结果

第一阶段案例研究表明，指标 8A（效率）“潜在适用”于中国场景，虽然政策目标群体可能缺乏判断效率的必要信息或者根本不关心这个指标，但是我们判断指标 8A“潜在适用”于中国场景。

2. 第二阶段案例研究的发现

（1）案例 3

P3 项目耗资 50 万元左右，为 108 户家庭改建水冲厕所，建设下水系统和防渗漏生活污水收集设施。由于该项目为推广示范项目，项目支出由 T3 乡负责监督，并聘请了第三方审计机构对此项工作进行审计。此外，所有受访者都认为该项目资金的使用具有效率。村民们非常关注项目资金的使用效率，因为他们要支付一半的费用（大约 2500 元）。受访者 3VS 表示：“【由于项目实施】高度透明，我们和政府都监督，【因此】不可能浪费钱。所有【做的】都贴在公告板上。”

（2）案例 4

根据《农村牧区人居环境整治三年行动实施方案（2018—2020 年）》（CT4 县人民政府，2018），P4 项目共斥资 3 亿元左右用于生活垃圾治理项目、生活污水治理项目、厕所粪污治理项目以及村容村貌提升项目，其中生活污水治理项目和厕所粪污治理项目约占总投资的 78%。项目拟投资建设 17 个污水处理站、28 套一体化污水处理设备、67 套分散式污水处理设施以及配套污水管网。厕所粪污治理投资主要为户用厕所改造，预计水冲厕所改造费用为 5000 元/户，改造 11924 户，总投资 5962 万元。然而，目标群体并不了解项目资金是如何使用的，甚至 CT4 县政府官员也不清楚资金的具体使用效率，受访者 4DE 表示："资金的使用很混乱。市或省政府可能都不知道【资金】具体怎么用的。"

3. 第二阶段案例研究的启示

很难确定中国农村生活污水项目的平均成本并且与 P3 和 P4 项目进行比较，以计算 P3 和 P4 项目的效率高低。然而，相互比较的话，P3 项目可能比 P4 项目更有效率：P3 项目的支出更加透明，且受到项目目标群体密切关注，而公众可能缺乏判断 P4 项目效率的必要信息。从这个意义上说，指标 8A 在案例 3 中被认为是"绝对成功"，在案例 4 中被认为是"总体失败 = 微不足道的成功"。

第二阶段案例研究表明，对于政策过程更加透明的、存在利益相关者积极参与政策过程的，或者在实施过程中需要向目标群体收费的项目，指标 8A 对利益相关者而言同样重要，指标 8A"明确适用"于中国场景。

（二）指标 8B：公平

1. 第一阶段案例研究的结果

第一阶段案例研究表明，指标 8B"可能适用"于中国场景，但目前的证据不足以让我们确认公平是不是利益相关者的主要关注点。

2. 第二阶段案例研究的发现

确保绝对公平在中国农村相对困难。中国农村存在人口老龄化严重、相对收入较低、公共服务提供匮乏等问题。村庄之间差异化严重——有的村庄靠近市区，有的人口较多，有的供水不足，因此如何在中国农村复杂的环境下公平地提供公共服务，是地方政府面临的难题。

中国农村的公共服务提供也需要权衡公平和效率之间的关系。例如，P4项目首先在“四个重点”[①] 区域实施，但许多村庄被排除在外。受访者4DR指出了原因：“如果一个村庄只有30户……几年后，年长的村民可能会因为条件差而离开村庄，那么【建设生活污水处理系统】就是一种浪费。”虽然存在上述制约，但我们认为环境保护项目的实施也应尽力保障分配公平和程序公平。

（1）案例3

P3项目尽力保障分配公平。在V3村，村民委员会会为没有财力参加项目的老年常住村民筹集补贴资金，而常年外出打工的村民则无法参加该项目并获得相关补贴。P3项目也保障了程序公平。村民有机会参与决策过程并表达他们的关切和需求。“解决公平问题是最大的挑战。”受访者3HT表示，“P3项目是公平的，因为它是自愿的。村民参与与否完全取决于他们的意愿和住房条件。”

（2）案例4

P4项目没有尽力保障分配公平。尽管V4村安装了集装箱一体化污水处理设施，但主要处理来自“现代农业科技观光示范园”和紧邻的一家大型餐厅的污水，村户的生活污水却未经污水处理设施处理。P4项目忽略了程序公平。该项目的决策过程更具排他性，项目目标群体无法参与政策制定过程，因此，他们的偏好和需求可能会被忽视。

3. 第二阶段案例研究的启示

P3项目尽力保障分配公平和程序公平，但P4项目却没有。根据表4.1，

---

① P4项目针对县域内“四个重点”区域分步建设生活污水处理和相关配套设施：一是将城市污水管网扩展到靠近县政府所在地的周边村庄；二是在XX湖周边人口较多的村庄建设污水处理站及配套管道；三是在乡镇政府所在地及周边村庄建设一体化废水处理设备，就地进行污水治理；四是环XX湖周边自然村以分散处理为主，通过分户式、联户式的办法，采用简易处理技术，就地进行生态治理（CT4县人民政府，2018）。

指标 8B 在案例 3 中被视为“绝对成功”，在案例 4 中被视为“绝对失败”。第二阶段案例研究表明，保障公平是决策者和项目目标群体的关注点之一，指标 8B“明确适用”于中国场景。

（三）指标 8C：适当性

1. 第一阶段案例研究的结果

第一阶段案例研究表明，指标 8C“明确适用”于中国场景。成功的政策可以满足政策干预的需要，提出充分可行的解决方案，更重要的是，隐含着对“善”的道德判断。

2. 第二阶段案例研究的发现

（1）案例 3

首先，P3 项目满足了政策干预的需求，特别是针对儿童和老年村民的需求。受访者 3VS 表示：“【村民的】孙子和孙女不愿意去爷爷【奶奶】家住一晚，因为他们不想用院子里的老【式】厕所。”受访者 3FR 表示：“有些孩子不敢上厕所，因为坑太大了。”受访者 3VR 表示：“每次上【老】厕所我蹲下再站起来都非常难，有时可能需要有人帮我。现在我们安了新厕所，比以前方便多了。”

其次，P3 项目考虑了计划实施中可能出现的问题，并提出了充分可行的解决方案。例如，对于不具备改建卫浴条件的房屋，如土坯房等老式房屋，居民可以选择自愿参加该项目。对于参加了项目但存在资金缺口的农户，他们可以参加项目施工，从中获取劳动报酬以抵扣其应缴纳款项。此外，村民委员会还购买了顶管机，以避免在安装管道的时候损坏庭院地板。

最后，P3 项目不是以可持续的理念设计和实施的。X 省水资源匮乏，而且截至 2017 年，只有 68%的村庄通自来水（住房和城乡建设部，2017），使用水冲厕所可能会加剧当地的水资源短缺问题。此外，排泄物没有就地处理和再利用是一种浪费。

事实上，在可持续发展方面，当地政府还有更好的选择以响应“厕所革命”的号召，如选择堆肥式厕所和粪尿分集式厕所作为替代方案，以实现资源可持续利用的目标。这类旱厕使用无水小便器等设施，用水较少或甚至不用水。它们不会将排泄物与水混合，因此不会污染地下水，也不会导致地表水富营养化。经过进一步处理，例如干燥或堆肥，粪便可以安全地用作肥料。而且与抽水马桶相比，它们的施工更加灵活（Platzer 等，2008），也不需要连接化粪池或下水系统（Tilley，2014），这一点对于干旱地区极为有利。

（2）案例 4

首先，尽管村民对农村生活污水存在不同的看法，但 P4 项目满足了政策干预的需要。受访者 4FR 说道：

> 农村的废水与城市的废水不同，也没那么复杂。村民不怎么用油，也不怎么煮肉，所以他们不使【用】太多的洗洁精。村民们用很少的肥皂洗手。在干旱地区，他们甚至不用肥皂洗手。废水可以给羊或牛喝，还可以给院子里的菜浇水。

尽管存在上述看法，农村生活污水仍被认为是 XX 湖严重污染的原因之一（CT4 县人民政府，2018）。正如受访者 4CE 和 4DR 所述："最应该做，但最难做的就是【农村生活】污水处理。"

其次，P4 项目未能提出充分可行的解决方案。P4 项目拟建设污水处理设施处理村户的生活污水并大规模铺设管网，这在农村地区可能困难重重。农村污水处理设施和大型管网的建设，需要村民在自家房屋内重建排水设施，但并非所有房屋都适合这样做。而且，对于自来水匮乏的村庄来说，使用抽水马桶也很困难。此外，如果管道布置得不够深，X 省冬季的低温还可能导致管道冻结或破裂。对于上述问题，P4 项目并未具体说明如何解决。对此，受访者 4FR 表示：

> 在农村【建设污水处理系统】非常不方便，也不切实际，因为成本太高，【而且】村委会和村民都没有钱。这不【是一个】简单【的计划】，因为【排污系统】需要院子下面的管道，就像水管一样。

最后，P4 项目的设计和实施是否具有高度的可持续性值得怀疑。P4 项目旨在鼓励村民使用生活污水处理设施的再生水来灌溉农田。尽管该项目没有达到这个预期结果，但从项目设计的角度，该项目确实具有一定的可持续性。然而，抽水马桶、洗脸盆和淋浴等设施可能会加剧当地的水资源短缺问题，因为它们使用的是地下含水层的自来水。但 P4 项目并未考虑水的回收利用，而且再生水可用于灌溉，却不会通过含水层补给地下水，这可能会进一步降低地下水位。过去几年 V4 村民所在地区的地下水位已从 40~50 米降至 100 米以下，也间接地证明了这一点。此外，P4 项目并未具体说明如何处理污水处理设施产生的污泥以及污泥是否会被重复利用。

3. 第二阶段案例研究的启示

P3 项目满足了政策干预的需要，提出了充分可行的解决方案，但其设计和实施并不是可持续的。根据表 4.1，指标 8C 在案例 3 中被视为“争议性失败=争议性成功”。P4 项目满足了政策干预需求，但未能提出充分可行的解决方案。更重要的是，P4 项目是否具有高度的可持续性值得怀疑。根据表 4.1，指标 8C 在案例 4 中被视为“总体失败=微不足道的成功”。第二阶段案例研究进一步确认，指标 8C“明确适用”于中国场景。

九、指标 9：获取执行领域的支持

（一）第一阶段案例研究的结果

第一阶段案例研究表明，“控制技术”对于吸引利益相关者的支持是必要的，指标 9“明确适用”于中国场景。

（二）第二阶段案例研究的发现

在这两个案例中，指令性权力是重要的“控制技术”。一部分村民、村党支部书记、村主任和部分乡政府官员都是中共党员，自然地会更加支持上级党组织的命令，以确保项目的实施。提供补贴是另一项重要的“控制技术”。P3 项目为参与者提供约 2500 元的补贴用于安装抽水马桶和管道，以鼓励村户的积极参与。P4 项目为村民安装抽水马桶和管道提供了与 P3 项目类似的补贴，但 V4 村的村民并没有获得相应的补贴，因为村户产生的生活污水并未与集装箱一体化污水处理设施相连。除了通过指令性权力和补贴来获得利益相关者的支持，每个案例都使用了一些其他“控制技术”来获得公众的支持。

1. 案例 3

第一，利用宣传“告诫人们违背公共舆论需要承受社会和经济结果，这样做能够促使人们服从政策”（Anderson，2003：264）。如前所述，村民代表和农村党员充当信息中介，传播该项目的理念并说服村民参与。在实地考察中，我们看到 V3 村的街道和院墙上也挂满了宣传该项目的横幅。第二，教育和示范项目也被行政机构广泛用于获取对政策的遵从（Anderson，2003：264）。P3 项目在实施前进行了小规模的试验，并以此向其他村民展示了项目的效果。受访者 3VS 表示：“村委会委员和党员的政治意识比村民高一些。因此，我们进行了试点，然后再鼓励其他人参加。”第三，项目参与者自愿与村民委员会签订协议，避免争议，保证参与项目。村委会的上述行动赢得了公众对项目实施的高度支持。

2. 案例 4

P4 项目的实施比 P3 项目使用了更少的“控制技术”。除了上述指令性权力和补贴以外，调解和协调作为非强制性的方式也被经常使用。非强制性的行动类型“意味着不是用法律制裁、惩罚、奖励或剥夺等手段去促使人们服从”（Anderson，2003：264）。例如，P4 项目实施过程中产生的土地纠纷就是通过这类非正式的方式加以解决的，政府官员频繁走访村民并说服他们达成共识。

（三）第二阶段案例研究的启示

根据表 4.1，指标 9 在案例 3 中被视为“绝对成功”，在案例 4 中被视为“绝对失败”。第二阶段案例研究进一步确认，指标 9“明确适用”于中国场景。

十、指标 10：提升选举前景和声誉

（一）第一阶段案例研究的结果

第一阶段案例研究表明，指标 10“可能不适用”于中国场景，没有证据表明任何地方官员因项目实施或项目实施所获得的声誉而升职。

（二）第二阶段案例研究的发现

1. 案例 3

P3 项目的实施提升了村干部的声誉，但实施项目带来的良好声誉并没有使村干部得到晋升。《中华人民共和国村民委员会组织法》规定：“村民代表大会选举产生的农村基层自治组织，是村民代表大会的执行机构。”（全国人民代表大会，2010）这意味着村民委员会的成员不能仿效公务人员晋升到更高级别的政府单位。受访者 3VS 表示：“村委会成员不可能【晋升】，他们不是公务员。”

2. 案例 4

P4 项目并没有提高县政府官员的声誉。一方面，村民们普遍认为，实施环保项目是政府应该做的事情；另一方面，项目的实施对政府官员的晋升没有影响。例如，受访者 4DR 表示：“不管我表现如何，我都无法【因此】升职。而且我是事业编【制】，这是县政府定的。”

（三）第二阶段案例研究的启示

环境项目可能会提高或降低地方政府官员的声誉。然而，在案例 3 和案例 4 中，没有证据表明任何地方官员因项目实施或项目实施所获得的声誉而升职。如果无法获得评估指标 10 所需的信息（见表 4.1），则我们无法测量指标 10。第二阶段案例研究建立在第一阶段案例研究结果的基础上，最终证实指标 10“不适用”于中国场景。

十一、指标 11：让政府治理变得容易

（一）第一阶段案例研究的结果

第一阶段案例研究表明，指标 11“明确适用”于中国场景，地方政府可以将容易采取行动、短期内能取得明显效果且只需要少量投资的环境问题优先纳入政府议程。

（二）第二阶段案例研究的发现

1. 案例 3

地方政府没有将缺乏解决方案的公共问题优先放入政府议程，这样可以让其治理变得更加容易。P3 项目旨在解决农村污水污染问题。然而，另一个严重的环境问题，即秸秆处理，却没有被提上政府的议事日程。当地政府和村民找不到妥善处理秋收后留在田地里的秸秆的办法。焚烧秸秆可以改善苗床和育苗，但这种做法现在已被严格禁止。秸秆也曾被用来喂养牲畜，但现在村民几乎没有牲畜。秸秆也可用于堆肥，但这种做法在 V3 村失败了。受访者 3HT 表示：“这是从上【上级政府】到下【地方政府】都很头痛的问题，因为没有好的办法回收【秸秆】，目前也没有一种方法能够被公众接受。”

2. 案例 4

地方政府优先考虑国家领导人认为重要的政策议程。习近平总书记于 2015 年提出，要来个“厕所革命”①。2015—2017 年，中国新建公厕 6.8 万多座；2018—2020 年，预计还会新增公厕 6.4 万座（Cheang，2017）。CT4 县政府响应习近平总书记的号召，认为这是推进 XX 湖污染治理工作的好机会。因此，CT4 县将农村改厕和农村生活污水处理提上了县政府的议程。

（三）第二阶段案例研究的启示

棘手的问题或没有解决方案的问题不会被提上议程，地方政府也会优先

---

① 习近平总书记“如约”到延边［EB/OL］. 人民网，［2015-07-17］. http：//jhsjk.people.cn/article/27317641.

考虑政治领导人认为重要的政策议程项目。根据表 4.1，指标 11 在这两个案例中均被视为“绝对成功”。第二阶段案例研究进一步确认，指标 11“明确适用”于中国场景。

十二、指标 12：促进国家战略目标

（一）第一阶段案例研究的结果

第一阶段案例研究表明，指标 12“明确适用”于中国场景。地方政府推出的项目有助于维护和促进中央政府的“愿景和承诺”，并且与其他发展战略没有冲突，因此在政治上是成功的。然而，公共政策需要在相互冲突的目标之间作出决策，第二阶段的案例研究并没有改变这一指标，但第二阶段的研究重点在于政策目标之间的潜在冲突。

（二）第二阶段案例研究的发现

所有受访者都一致认为，P3 和 P4 项目都促进了中央政府“建设生态文明”的指导方针，这也是农村环境综合整治政策的核心理念。受访者 3VS 表示：“过去我们重点帮助农民增收脱贫。当前，我们致力于改善农村人居环境，提高农民幸福指数。”然而，环境保护可能与其他发展目标冲突，例如经济发展和地方政府债务削减。

1. 案例 3

环境保护与经济增长是地方政府面临的两难选择。受访者 3VS 表示：

> 环保不可能一蹴而就，它必须持续下去。但从长远来看，农村首先要找到发展经济的出路。如果只坚持环境保护而不调整经济结构，就不可能提高环保的效果。我们应该解决根本，而不是症状。

环境保护和经济发展应该齐头并进，保护与发展由“两难”转向“双赢”，不能为了急于完成污染控制目标而牺牲经济发展和人民群众的利益。例如，在调研中我们得知，T3 乡政府为村民免费提供了一个环保煤炉，用以取代他们的

旧式炉灶。但村民反映他们可能买不起无烟煤，因为无烟煤比褐煤贵得多。同样，生活污水处理项目的实施也增加了农村居民的负担。受访者 3VS 说：

> 现在我们响应国家环保号召。他们【上级政府】考虑过村民的承受能力吗？我们开玩笑说，以前村民都是因病返贫，但现在村民因为环保而返贫。

2. 案例 4

环境保护与减债的矛盾是地方政府面临的另一个两难选择。在中国，地方政府严重依赖债务来保护环境（叶前等，2014；Bradsher，2017）。在案例 4 中，P4 项目可能会扩大 CT4 县的财政赤字。根据公开数据，2022 年 CT4 县一般公共预算收入完成 62366 万元，一般公共预算支出完成 263156 万元，可见县财政压力较大。而农村环境综合整治政策只提供部分资金，其余资金必须由 CT4 县政府筹集，资金来源包括专项资金、国家政策性贷款、商业银行贷款和社会资金。P4 项目的投入，可能成为 CT4 县当前或者未来必须承担的债务。受访者 4DE 认为：

> 没有一个领导人不希望发展【地方经济和环境保护】，但地方政府一直不愿申请项目或接受拨款，这是为什么？因为我们【地方政府】必须配套资金。我们从哪里找钱？这是一个很大的冲突。

（三）第二阶段案例研究的启示

环境保护政策需要更好地与其他发展战略兼容。根据表 4.1，指标 12 在案例 3 中被视为“争议性失败=争议性成功”，在案例 4 中被视为“总体失败=微不足道的成功”。第二阶段案例研究进一步确认，指标 12“明确适用”于中国场景。

十三、指标 13：提供政治利益

（一）第一阶段案例研究的结果

第一阶段案例研究表明，指标 13“明确适用”于中国场景，地方政府通过项目的实施获得了较大的政治利益。第二阶段案例研究将更多的利益相关者考虑在内，我们将指标 13 的范围从“为政府提供政治利益”扩大到“提供政治利益”来综合评价政策带来的政治利益。

（二）第二阶段案例研究的发现

在案例 3 和案例 4 中，政党和政府都通过项目的实施获得了较大的政治利益。首先，村“两委”和县政府通过向社区成员分配利益来获取政治利益。所有受访者均表示，由于这些计划，他们对政府或村委会的支持程度增加了“较多”或“很多”。其次，中国共产党在政治上也得到了好处。所有受访者均表示，由于这两个项目，他们对中国共产党的支持程度增加了“较多”或“很多”。案例 3 和案例 4 在提供政治利益方面的差异主要表现在领导干部和人民群众获得的政治利益方面。

1. 案例 3

通过 P3 项目的实施，村干部获得了政治利益，声望也得到了提高。村民通过追求民主权利而在政治上受益，因为 P3 项目确保了公众参与政策制定的过程，在这个过程中公众可以充分表达他们的诉求并提出建议。

2. 案例 4

县政府官员在实施 P4 项目时声誉一定程度受损。村民认为地方政府官员，而不是政府是问题的根源，因为政府的初衷是好的。受访者 4DR 讽刺道：“中国人认为政府级别越高，官员越好。他们相信习近平主席是好的，共产党是好的，【但】在下级政府里，没有一个好官员。”与此同时，村民并没有从追求民主权利中获得政治利益，因为 P4 项目未能让公众参与政策进程并表达他们的诉求。

（三）第二阶段案例研究的启示

案例 3 中，政党、政府、领导干部和人民群众都获得了相应的政治利益。根据表 4. 1，指标 13 在案例 3 中被视为“绝对成功”。在案例 4 中，县政府和中国共产党获得了政治利益，但县政府官员和公民的政治利益并没有得到满足。根据表 4.1，指标 13 在案例 4 中被认为是“争议性失败 = 争议性成功”。第二阶段案例研究进一步确认，指标 13“明确适用”于中国场景。

第三节　对 McConnell 框架的实证测试和评估：基于案例 3 和案例 4

第二阶段的案例研究对经过理论评估和第一阶段评估后的 McConnell 框架指标进行了再次实证测试和评估。表 6.3 总结了第二阶段收集的数据和评估结果，所有指标均可归入 3 个“适合程度”类别。

- 明确适用：10 项指标得到充分的证据支持，并且明确适用于中国场景，即政策实施符合政策目标（指标 5）、政策实施取得了预期效果（指标 6）、使目标群体受益（指标 7）、效率（指标 8A）、公平（指标 8B）、适当性（指标 8C）、获取执行领域的支持（指标 9）、让政府治理变得容易（指标 11）、促进国家战略目标（指标 12）、提供政治利益（指标 13）。

- 部分适用：发现证据部分支持以下 3 个指标——确保合法性（指标 2）、建立可持续的政策联盟（指标 3）和获取计划领域的支持（指标 4）。指标 2 在“内容或行动的合法性”方面“部分适用”于中国场景。指标 3 和指标 4 适用于村级，但不适用于县级。

- 不适用：案例中没有发现证据支持以下 2 个指标，因此它们不适用于中国场景，即政策目标和政策工具的留存度（指标 1）和提升选举前景和声誉（指标 10）。

表 6.3　对修正后的 McConnell 框架的实证测试和评估总结：第二阶段

序号	指标	第一阶段评估结论	第二阶段评估结论	第二阶段评估结果总结
1	政策目标和政策工具的留存度	可能不适用	不适用	公众对项目草案或者项目可选方案的哪一部分发生了变化以及为什么会发生这种变化知之甚少

续表

序号	指标	第一阶段评估结论	第二阶段评估结论	第二阶段评估结果总结
2	确保合法性	潜在适用	部分适用	在中国场景下，“确保合法性”更多地取决于政策内容或政府行为，而不是取决于政策制定过程是否具备程序合法性。只要公众接受并认可政策内容或政府行为，政策的合法性就会得到保证
3	建立可持续的政策联盟	可能不适用	部分适用	在村这个层级，利益相关者可以组建联盟，从而批准或否决村干部提出的政策建议。由于大多数利益相关者在参与县级决策过程中受到限制，利益相关者在县级决策中组建联盟是不可能的
4	获取计划领域的支持	可能适用	部分适用	政策议程的设置可能不需要广泛公众支持，无论是在村级还是县级。在村一级，政策方案的形成和采纳过程试图征求公众意见以及吸引公众支持，但这种情况并没有在县一级发生
5	政策实施符合政策目标	明确适用	明确适用	有必要评估政策的实施是否与其目标一致，以充分判断其成功或失败
6	政策实施取得了预期效果	明确适用	明确适用	有必要评估政策的实施是否取得了预期的效果，以充分判断其成功或失败
7	使目标群体受益	明确适用	明确适用	为目标群体提供公共福利，是公共政策的初衷之一，因此受益/获益/利益是目标群体判断项目成功与失败的核心依据之一
8A	效率	潜在适用	明确适用	对于政策过程更加透明的、存在利益相关者积极参与政策过程的，或者在实施过程中需要向目标群体收费的项目，指标 8A 对利益相关者而言同样重要
8B	公平	可能适用	明确适用	保障公平是决策者和项目目标群体的关注点之一
8C	适当性	明确适用	明确适用	成功的政策可以满足政策干预的需要，提出充分可行的解决方案，更重要的是，隐含着对“善”的道德判断

续表

序号	指标	第一阶段评估结论	第二阶段评估结论	第二阶段评估结果总结
9	获取执行领域的支持	明确适用	明确适用	案例均采用了类似但又存在区别的“控制技术”来吸引利益相关者的支持，通过“控制技术”对于吸引利益相关者的支持是必要的
10	提升选举前景和声誉	可能不适用	不适用	环境项目可能会提高或降低地方政府官员的声誉，但没有证据表明任何地方政府官员因项目实施或项目实施所获得的声誉而升职
11	让政府治理变得容易	明确适用	明确适用	地方政府可以将容易采取行动、短期内取得明显效果且只需要少量投资的环境问题优先纳入政府议程，以使政府治理变得容易
12	促进国家战略目标	明确适用	明确适用	环境保护政策需要更好地与其他发展战略兼容。地方政府推出的项目有助于维护和促进中央政府的“愿景和承诺”，但政策目标之间可能也存在显而易见的冲突
13	提供政治利益	明确适用	明确适用	通过政策实施，政党、政府、领导干部和人民群众都可以获得相应的政治利益

第四节　衡量案例 3 和案例 4 的成败

第二阶段案例研究采用了与第一阶段案例研究相同的衡量政策成功或失败的方法。表 6.4 总结了案例 3 和案例 4 中每项指标的成功或失败情况。表 6.5 显示了每个指标、每个领域的得分以及案例 3 和案例 4 的总体得分。

表 6.4　McConnell 框架中各指标的成功或失败：案例 3 和案例 4

序号	指标		成功/失败不明确		绝对失败		总体失败＝微不足道的成功		争议性失败＝争议性成功		可容忍的失败＝有韧性的成功		绝对成功	
			案例 3	案例 4	案例 3	案例 4	案例 3	案例 4	案例 3	案例 4	案例 3	案例 4	案例 3	案例 4
1	计划	政策目标和政策工具的留存度	✓	✓										
2		确保合法性						✓					✓	
3		建立可持续的政策联盟				✓							✓	
4		获取计划领域的支持				✓							✓	
5	执行	政策实施符合政策目标			✓					✓				
6		政策实施取得了预期效果						✓	✓					
7		使目标群体受益				✓					✓			
8A		效率						✓					✓	
8B		公平				✓							✓	
8C		适当性						✓	✓					
9		获取执行领域的支持				✓							✓	
10	政治	提升选举前景和声誉	✓	✓										
11		让政府治理变得容易											✓	✓
12		促进国家战略目标						✓	✓					
13		提供政治利益								✓			✓	

表 6.5　指标和领域的得分以及案例 3 和案例 4 的总体得分

序号	领域	指标	案例 3	领域的均值	案例 4	领域的均值
1	计划	政策目标和政策工具的留存度	无法评估	15/3=5	无法评估	4/3=1.3≈2
2		确保合法性	5		2	
3		建立可持续的政策联盟	5		1	
4		获取计划领域的支持	5		1	
5	执行	政策实施符合政策目标	1	26/7=3.7≈4	3	12/7=1.7≈2
6		政策实施取得了预期效果	3		2	
7		使目标群体受益	4		1	
8A		效率	5		2	
8B		公平	5		1	
8C		适当性	3		2	
9		获取执行领域的支持	5		1	
10	政治	提升选举前景和声誉	无法评估	13/3=4.3≈4	无法评估	10/3=3.3≈3
11		让政府治理变得容易	5		5	
12		促进国家战略目标	3		2	
13		提供政治利益	5		3	
项目的均值				(5+3.7+4.3)/3=4.3≈4		(1.3+1.7+3.3)/3=2.1≈2

注：绝对失败=1；总体失败=微不足道的成功=2；争议性失败=争议性成功=3；可容忍的失败=有韧性的成功=4；绝对成功=5。根据每个领域和整个项目的成功或失败程度计算平均分数。

根据表 6.5，我们可以得出以下结论：①在案例 3 中，“计划”领域被视为“绝对成功”，“执行”领域被视为“可容忍的失败=有韧性的成功”，“政治”领域被视为“可容忍的失败=有韧性的成功”。综合评估，案例 3 被视为“可容忍的失败=有韧性的成功”。②在案例 4 中，“计划”领域被视为“总体失败=微不足道的成功”，“执行”领域被视为“总体失败=微不足道的成功”，“政治”领域被视为“争议性失败=争议性成功”。综合评估，案例 4 被视为“总体失败=微不足道的成功”。

第五节 使用 MEE 框架进行评估

与案例 1 和案例 2 一样，作为第三方研究者，本节在案例 3 和案例 4 中使用修订后的 MEE 框架（见附录 D）进行评估的结果如表 6.6 所示。我们对案例 3 和案例 4 的评估结果如下：①案例 3 得分为 41.96，被视为“较差”；②案例 4 得分为 69，被视为“一般”。

需要说明的是，MEE 框架与 McConnell 框架中的指标 5（政策实施符合政策目标）和指标 6（政策实施取得了预期效果）涵盖的事项高度类似。我们使用 McConnell 框架的指标 5 和指标 6，得出两个案例的平均得分为：案例 3=（1+3）/2=2，案例 4=（3+2）/2=2.5。因此，使用 McConnell 框架的指标 5 和指标 6 的评估结果与使用修改后的 MEE 框架的评估结果基本一致，进一步证实了本章研究结果的有效性。

表 6.6 作为第三方研究者使用修订后 MEE 框架的评估结果：案例 3 和案例 4

	序号	指标名称	权重	要求	案例 3	评估得分	案例 4	评估得分
任务完成情况	1	环境整治目标完成情况	8	达到了项目申请预定的目标	没有达成预定目标；没有取得显著的效果	2	部分达成预定目标；没有取得显著的效果	4
	2	村民对环境状况满意率	8	≥95%	100%	8	80%	4
	3	农村环境保护机构队伍建设	8	在项目所在乡镇设立了环保机构、配备了专职环保人员负责项目实施和管理	T3 乡没有专职负责项目实施和管理的人员	0	T4 乡聘请了兼职人员负责项目实施和管理	4

续表

	序号	指标名称	权重	要求	案例 3	评估得分	案例 4	评估得分
环境整治效果	4	生活污水处理率	38	≥60%	36%	12.96	50%	19
	5	污染治理设施的运行与管理	38	污染治理设施运行稳定；后续管理、运行费用落实	设施运行稳定；后续管理和运营费用没有保障	19	设施运行稳定；后续管理和运营费用有保障	38
			100			41.96		69

注：指标修订以农村环境综合整治“以奖促治”项目环境成效评分表（见附录 A）为基础：因考虑效度，剔除第 3、18、19 项；专门针对生活污水处理项目时，不纳入第 5~11 和 14~17 项；剩余项目的权重对应发生变化。项目环境成效评估采用计分法，评估总分为 100 分（生态环境部，2010b）。

第六节 小结

第二阶段的实证研究通过两个选定案例，测试了经第一阶段评估后的 McConnell 框架。研究结果表明，在中国场景下，McConnell 的政策评估指标可归入 3 个“适合程度”的类别，即“明确适用”“部分适用”和“不适用”：10 个指标“明确适用”、3 个指标“部分适用”、2 个指标“不适用”于中国场景。

经过第一阶段实证测试和评估后的 McConnell 政策评估框架也被应用于第二阶段的案例研究，以得出政策成功或政策失败的结论。案例 3 被视为“可容忍的失败=有韧性的成功”，案例 4 被视为“总体失败=微不足道的成功”。

作为第三方研究者，我们也使用修订后的 MEE 框架（附录 D）进行了评估，案例 3 被视为“较差”，案例 4 被视为“一般”。使用 McConnell 框架中指标 5 和指标 6 的评估结果与使用修订后的 MEE 框架的评估结果基本一致。

基于第一阶段和第二阶段案例研究的结果，下一章将讨论这些结果的意义、重要性和相关性，然后提出适用于中国的环境政策评估框架。

第七章　中国特色环境政策评估框架的探讨

我们探索 McConnell 框架在中国的适用性，并使用它评估一项中国的环境政策。这个过程涉及多个案例研究，同时采用了自适应学习和三角互证法。本书第四章从理论角度评估了 McConnell 框架在中国场景下的应用。第五章和第六章报告了涵盖两个阶段案例研究的实证调查结果。本章将解释和评估上述结果，展示它们与文献和研究问题之间的关系，并探讨它们在中国场景下的意义、重要性和相关性。

本章对研究问题作出回应。第一节到第三节回答第一个研究问题：在中国场景下，McConnell 框架中适用/不适用/可以修改的指标有哪些？第四节接着探讨第二个和第三个研究问题：在每个案例研究中，政策成功/失败的相对程度是什么？政策制定、政策实施阶段的成功/失败及其政治影响之间的内在关系是什么？第五节回答了最后一个研究问题：政策成功或失败的原因是什么？最后，第六节讨论了本研究的理论贡献。

第一节　再探 McConnell 框架及其指标体系

McConnell 框架是本研究的理论基础。然而，这一框架还没有经过彻底的检验，尤其是在中国的场景之下。尽管未经检验，该框架仍被认为是现有政策评估框架中较为系统且整体的。本研究的目的之一是测试该框架在中国的适用性。我们首先从理论角度对该框架进行评估，并对该框架进行了初步的修正和评估方法上的完善。其次我们以中国农村环境综合整治项目为案例，对此框架进行了两个阶段的实证测试和评估。第一阶段是对框架适用性的测试，为后续框架的改进和进一步测试获得了初步见解。这一阶段选取了两个案例，讨论农村生活垃圾处理项目。第二阶段的评估纳入了第一阶段对此框架的改进，旨在更深入地了解改进后的框架在中国场景下的整体适用性。第二阶段选取了两个案例，讨论农村生活污水处理项目。

本节回答以下研究问题：中国场景下，McConnell 框架中适用/不适用/可以修改的指标有哪些？本节根据理论评估和两个阶段案例应用的发现，逐一回顾了 McConnell 框架中的每一个指标，随后对 McConnell 框架提出了改进建议，并提出了一个适用于中国场景的最终修订框架。另外，本节还讨论了研究的稳定性，将使用 MEE 框架的评估结果与使用 McConnell 框架的评估结果进行了比较。

一、指标 1：政策目标和政策工具的留存度

按照特定的审议程序，政策建议、草案和方案可以被拒绝、修改或采纳，利益相关者可以在此过程中对决策施加影响。文献综述表明，在中国，这个过程可能缺乏透明度和公众的参与（胡伟，1998）。公众对项目建议、草案或者方案的哪一部分发生了变化以及为什么会发生这种变化知之甚少。第一阶段的研究发现，指标 1“可能不适用”于中国场景。乡镇一级的政策采纳过程不透明，由于缺乏信息，因此无法评估指标 1。第二阶段的研究发现，村和县一级决策过程出现了与第一阶段相似的结果，因此可以得出结论，指标 1“不适用”于中国场景。

很多时候，政策中的潜在问题很难在政策实施前发现，而且行政机构可能缺乏政策经验，因此，中国的政策过程类似“摸着石头过河”（盛宇华，1998；范清宇，2014；张亮亮，2014）。行政机构经常通过小规模的政策试验补充政策方案的形成过程，并将在政策试验中获取的经验纳入政策采纳过程。政策试验有助于行政机构作出更好的决策，政策中的潜在问题可以在政策试验之后被发现并解决。鉴于地方政府（尤其是县级以下地方政府）在环境项

目制定和实施方面可能缺乏经验和专业知识，通过“试错”反复修改政策方案也是寻找最佳和最可行方案的有效手段（张乾友，2016；章文光和宋斌斌，2018）。例如，在案例3中，P3项目首先在V3村试点，其次在T3乡推广。因此，基于McConnell的思考和研究结果，我们提出了一个适用于中国场景的修订指标，即将指标1替换为“政策试验”，我们提出了下列问题：政策是否经过试验并根据利益相关者的反馈作出改进？

二、指标2：确保合法性

合法性受到如何做某事（程序的合法性）和正在做什么（内容或行动的合法性）两方面因素的影响（Anderson，2003）。一方面，“程序的合法性”是指决策过程是否符合法律、法规的规定。行政决策需要经过规范的过程才能获得公众的认可和接受（王锡锌，2008）。另一方面，“正在做什么”也指政府的政策内容或行动，即“满足感知需求和解决感知问题的产物”（Anders，2003：257）。第一阶段的研究表明，如果仅考虑“程序的合法性”这个方面（McConnell框架），无论是在案例1还是案例2中都无法衡量政策的合法性。利益相关者很少考虑/不关心政策项目是否符合法律或规则，因为他们的利益没有受到侵犯。如果指标2的定义更广泛，包括政策“内容或行动的合法性”，那么指标2“潜在适用”于中国场景。因此，第二阶段研究将合法性的范围扩大到包括政府采取的政策内容或行动。案例3和案例4的结果表明，只要公众接受并认可政府的政策内容或行为，政策的合法性就能够得到保障。最后得出的结论是，在大多数情况下，指标2“部分适用”于中国场景。

“合法性是政府及其采纳的政策赢得公众支持和认可的重要因素。政府官员必须认识到这一点。如果没有足够的合法性，那么政府及其公共政策的效力就会大大减弱。”（Anderson，2003：143）显然，政策合法性的重要性毋庸置疑。但是无论是文献还是案例研究均表明，政策制定过程是否符合法律或规则可能并不那么重要。但如果政策内容或政府行为被认为不合法，就容易产生争议，也不容易赢得公众的支持和认可。行政管理的重点就是有效协调社会矛盾、解决争议、维护社会平衡与稳定（翟月玲，2017）。从这个意义上来说，指标 2 可以修改为更适用于中国场景的指标，即“争端解决”。它提出的问题是：政府是否有公平合理的措施来解决争端？

三、指标 3：建立可持续的政策联盟

建立可持续的政策联盟的能力受到制度安排的制约，制度安排规定了政策制定过程涉及的参与规则（Nabatchi，2012；Bryson 等，2013；Schermann 和 Ennser-Jedenastik，2014；Fung，2015）。然而，关于中国场景下政策联盟如何形成，以及制度安排如何影响联盟在政策制定方面的影响力的实证文献较少。因此，案例研究中进一步讨论了政策利益相关者之间建立联盟是否有助于政策获得批准这个问题。第一阶段研究表明，指标 3“可能不适用”于中国场景，但在乡镇一级的决策过程由于参与规则的限制并未形成政策联盟。第二阶段研究在村和县的层面上进行了调查，研究表明，当政策制定过程发生在村级而非县级时，指标 3“部分适用”于中国场景。

研究结果表明，利益相关者之间形成的政策联盟可能并不是政策获得批准的必要条件，甚至某些场景下大多数利益相关者没有被纳入政策制定过程，政策联盟的形成也无从谈起。然而文献综述表明，政府之间或政府部门之间的横向或纵向的有效协调对于实现项目批准至关重要（王飞，2019）。访谈中，T3 乡副乡长也特别强调：“没有其他部门和上级政府的支持和配合，我们的项目是做不出来的。如果我们没有提前沟通好并获得他们的支持和认可，项目就没法【获得】批准。”因此，为了更全面地反映中国场景下政策成功的要求，我们提出了一个额外的子指标，即“政府协调”，指村级以上政府系统内和不同部门之间的协调（Peters，2015）。“政府协调”与“联盟”不同，“联盟”是中国村一级层面上可能发生的利益相关者之间的“临时联盟”（Gamson，1961）。因此，我们建议指标 3 由两个子指标组成：“建立可持续联盟”（指标 3A）和“政府协调”（指标 3B）。这两个子指标是指标 3 对中国场景下政策制定现状的反映，各占指标 3 一半的权重。

四、指标 4：获取计划领域的支持

文献综述表明，在政策制定过程（议程设置、政策方案形成和政策方案采纳）中，吸引广泛的利益相关者的支持可能并不具有必要性（胡伟，1998；胡润忠，2013）。然而，自 2002 年以来，中国行政决策模式正在经历从管理主义模式到参与式治理模式的转变（王锡锌和章永乐，2010），当今中国的政策制定者可能会积极寻求公众的支持。第一阶段研究表明，乡镇政府在政策制定过程中没有寻求公众支持。第二阶段在村和县层面的调查进一步表明，指标 4“部分适用”于中国场景，即适用于村一级，但不适用于县一级。“部分适用”意味着这个指标对于中国来说可能没有必要。然而，随着中国的发展，政府在制定公共政策时越来越重视公众的参与，这个指标就会显得适宜。因此，我们建议在评估中国公共政策时保留这一指标。

五、指标 5：政策实施符合政策目标

文献综述表明，指标 5 可用于判断政策的实施与政策目标的一致性。两个阶段案例研究的结果支持了文献中的论点。可以得出结论，指标 5“明确适用”于中国场景。

六、指标 6：政策实施取得了预期效果

文献综述表明，可以使用效果类指标，如从对经济、社会和环境的影响来判断政策的成功或失败。两个阶段案例研究的结果支持了文献中的论点。可以得出结论，指标 6“明确适用”于中国场景。

七、指标 7：使目标群体受益

文献综述表明，指标 7 是衡量中国公共政策实施成功与否的关键指标。两个阶段案例研究的结果再次支持了文献中的论点。可以得出结论，指标 7

“明确适用” 于中国场景。

八、指标 8：效率、公平和适当性

McConnell（2010a，2010b，2015）没有明确说明指标 8（满足政策评估领域高度重视的指标）中具体包含哪些指标，而“政策评估领域高度重视的指标”可能会因国家政治体制的不同而有所不同。因此，在第一阶段之前，我们通过焦点小组确定了可能适用于中国场景的“政策评估领域高度重视的指标”（详见第三章）。效率、公平和适当性被认为是应得到高度重视且与 McConnell 框架中其他指标互补的。这三个新设立的指标都是独立的，且与 McConnell 的其他指标同等重要。

（一）指标 8A：效率

文献综述表明，“效率” 可以成为评估中国场景下政策实施情况的一种手段。然而，效率对于政策的目标群体重要吗？第一阶段研究表明，指标 8A “潜在适用” 于中国场景。如果政策制定过程在乡镇一级进行，并且大多数利益相关者被排除在这一过程之外，那么他们可能会缺乏判断政策效率的必要信息。此外，生活垃圾处理服务通常是免费提供的，因此受访者对项目的效率不感兴趣。第二阶段的调研是村和县一级的政策制定，以及不同类型的废弃物处理项目。第二阶段研究发现，案例 3 的受访者非常关注 P3 项目的效率，因为大多数利益相关者参与了项目的决策，并分担了项目实施的成本。虽然案例 4 中的利益相关者缺乏必要的信息来判断 P4 项目的效率，但也有受访者认为政策过程中缺乏必要的信息并不意味着政策效率对政策目标群体来说不重要。第二阶段的案例研究表明，在相对透明的政策过程中，或在政策实施需要目标群体出资的情况下，效率仍然是目标群体判断政策成败的重要指标。因此，得出的结论是，指标 8A “明确适用” 于中国场景。

（二）指标 8B：公平

文献综述表明，“公平” 是帮助评估中国场景下政策实施情况的有用指标。第一阶段研究得出的结论是，指标 8B“可能适用”于中国场景。案例 1 和案例 2 都确保了分配公平，但这并不是利益相关者优先考虑的问题，他们反而会更加关注程序是否公平。然而，尚不清楚公平是不是村县一级利益相关者优先考虑的问题，特别是在分配或程序不公平可能导致冲突的情况下。因此，第二阶段研究重点关注了不公平对利益相关者的潜在影响。第二阶段研究发现，特别是在村一级，政策方案的形成和采纳需要公众的支持，这促使政策制定者高度重视分配公平和程序公平。结论是，指标 8B“明确适用”于中国场景。

（三）指标 8C：适当性

文献综述表明，成功的政策是“适当”的，即可以满足政策干预的需要，提出充分可行的解决方案，更重要的是，隐含着对“善”的道德判断。两个阶段的案例研究都支持了这一主张，因此可以得出结论，指标 8C“明确适用”于中国场景。

九、指标 9：获取执行领域的支持

行政机构在政策实施过程中通过使用一系列“控制技术”获得目标群体的支持。文献综述表明，指标 9 可用于评估中国场景下的政策实施情况。两个阶段的案例中都采用了一些类似的“控制技术”，例如提供福利或者津贴。我们认为，应用的“控制技术”越多，项目实施中获得的公众支持程度就可能越高，项目就越可能成功。因此，指标 9“明确适用”于中国场景。

十、指标 10：提升选举前景和声誉

中国的政治制度与西方国家不同，因此党和政府的选举并不作为与本研究相关联的评估指标。为了符合 McConnell 对这一指标在中国的解释，我们认为讨论的重点应是领导干部的晋升，因为晋升激励是解释过去几十年中国社会经济改革和发展的关键因素之一（周黎安等，2005）。文献综述表明，指标

10“可能不适用”于判断中国场景下政策的成功或失败，因为中国和西方官员晋升背后隐藏的逻辑有很大不同（吴建南和马亮，2009）。第一阶段研究发现，指标 10“可能不适用”于中国场景，没有证据表明任何地方官员因项目实施或项目实施所获得的声誉而升职。第二阶段研究以这些发现为基础，进一步证实指标 10“不适用”于中国场景，至少在环境政策方面如此。因此，我们建议评估中国环境政策时不要保留该指标。但如果将 McConnell 框架应用于评估其他类型的政策，例如经济政策，我们则建议保留该指标。

十一、指标 11：让政府治理变得容易

我国地方政府会采取多种措施缓解执政压力。文献综述表明，指标 11 有助于解释中国场景下的政府行为。在两个阶段的案例研究中，地方政府将政治领导人认为重要的、容易采取行动的、短期内能取得明显效果的且只需要少量投资的环境问题优先纳入政府议程。对议程的控制使政府治理更加容易，这对于政府来说是一种成功。因此，得出的结论是，指标 11“明确适用”于中国场景。

十二、指标 12：促进国家战略目标

遵循和促进国家战略目标的达成是政治正确的问题，然而，地方政府不可避免地会陷入实现诸多战略目标之间的博弈（张文彬和李国平，2014）。文献综述表明，政策目标、行政机构行为和国家战略目标之间的一致性或冲突性是判断政策成功与否的一项有意义的评估标准。第一阶段研究发现，指标 12“明确适用”于中国场景。第一阶段的两个案例都有助于维护中央政府的“愿景和承诺”，并且与其他国家的发展轨迹没有冲突。然而，公共政策往往需要在相互冲突的政策目标之间作出妥协，因此第二阶段研究的重点是发现潜在冲突的痕迹。研究结果表明，环境保护政策需要更好地与其他发展战略兼容。得出的结论是，指标 12 是一项有意义的指标，并且“明确适用”于中国场景。

十三、指标 13：为政府提供政治利益

McConnell（2015：235）提出了“为政府提供政治利益”的指标来判断一项政策的成功。文献综述表明，指标 13 可用于评估中国场景下政策的政治影响。第一阶段研究发现，该指标“明确适用”于中国场景，政党、政府、领导干部和人民群众都可以通过公共政策获得政治利益（洪远朋等，2006）。第一阶段的研究表明，地方政府获得了较大的政治利益。然而，政治总是存在对于“谁的成功”的担忧。第一阶段中的政党、领导干部和人民群众都通过 P1 和 P2 项目获得了政治利益，因此在第二阶段研究中，我们将指标 13 的范围从“为政府提供政治利益”扩大到“提供政治利益”来综合评价政策带来的政治利益。第二阶段研究发现，在案例 3 中，所有受访者都获得了政治利益。但在案例 4 中，主导政策制定和实施的县政府以及没有参与政策过程的公众并没有获得政治利益。因此，得出的结论是，指标 13 是一项有意义的评估，并且“明确适用”于中国场景。我们建议将指标 13 的范围从“为政府提供政治利益”扩大到“提供政治利益”。

第二节 对 McConnell 框架的评估总结

通过理论评估、第一阶段和第二阶段的实证测试和评估，我们将迭代应用修改后的 McConnell 框架的评估总结如下：

首先，根据焦点小组得出的结论，我们使用指标 8A、8B 和 8C 取代 McConnell 最初的指标 8。这三个指标与 McConnell 框架中的其他指标同等重要。对 McConnell 框架的文献综述发现：McConnell 最初的 9 个指标以及指标 8A、8B 和 8C 可能适用于中国场景，文献中没有明确讨论指标 3，指标 1 和指标 10 没有得到文献支持。

其次，第一阶段的实证测试和评估发现：McConnell 最初的 7 项指标和指

标8C得到了证据的充分支持，并且“明确适用”于中国场景；对于指标2和指标8A，实证研究中没有明确说明但却提供了该指标适用的潜在线索，同时文献也强烈支持其在中国场景下的应用，因此它们被认为“可能适用”于中国场景；第一阶段没有找到支持指标4和指标8B的证据，但认为证据可能出现在其他项目中，并且它们“可能适用”于中国场景；没有发现证据支持指标1、指标3和指标10，它们“可能不适用”于中国场景。

最后，在第二阶段，指标2和指标13的范围较第一阶段有所扩大，第一阶段的其他指标保持不变。第二阶段的实证测试和评估发现：McConnell最初的6项指标，加上指标8A、8B、8C和指标13均得到了证据的充分支持，并且“明确适用”于中国场景；发现的证据部分支持指标2、指标3和指标4，它们“部分适用”于中国场景；没有发现证据支持指标1和指标10，它们“不适用”于中国场景。表7.1总结了每个步骤的评估结果。

表7.1　中国场景下迭代应用修改后McConnell框架的评估总结

序号	McConnell框架的原始指标	理论评估	用于第一阶段评估的指标	第一阶段评估结果	用于第二阶段评估的指标	第二阶段评估结果
1	政策目标和政策工具的留存度	不支持	政策目标和政策工具的留存度	可能不适用	政策目标和政策工具的留存度	不适用
2	确保合法性（程序）	支持	确保合法性（程序）	潜在适用	确保合法性（程序和内容或行动）	部分适用
3	建立可持续的政策联盟	不明确	建立可持续的政策联盟	可能不适用	建立可持续的政策联盟	部分适用
4	获取计划领域的支持	支持	获取计划领域的支持	可能适用	获取计划领域的支持	部分适用
5	政策实施符合政策目标	支持	政策实施符合政策目标	明确适用	政策实施符合政策目标	明确适用
6	政策实施取得了预期效果	支持	政策实施取得了预期效果	明确适用	政策实施取得了预期效果	明确适用
7	使目标群体受益	支持	使目标群体受益	明确适用	使目标群体受益	明确适用

续表

序号	McConnell 框架的原始指标	理论评估		用于第一阶段评估的指标	第一阶段评估结果	用于第二阶段评估的指标	第二阶段评估结果
8	满足政策评估领域高度重视的指标	8A：效率	支持	8A：效率	潜在适用	8A：效率	明确适用
		8B：公平	支持	8B：公平	可能适用	8B：公平	明确适用
		8C：适当性	支持	8C：适当性	明确适用	8C：适当性	明确适用
9	获取执行领域的支持	支持		获取执行领域的支持	明确适用	获取执行领域的支持	明确适用
10	提升选举前景和声誉	不支持		提升选举前景和声誉	可能不适用	提升选举前景和声誉	不适用
11	让政府治理变得容易	支持		让政府治理变得容易	明确适用	让政府治理变得容易	明确适用
12	促进国家战略目标	支持		促进国家战略目标	明确适用	促进国家战略目标	明确适用
13	为政府提供政治利益	支持		为政府提供政治利益	明确适用	提供政治利益	明确适用

第三节　对 McConnell 框架的修正

上述研究结果回答了研究问题：在中国场景下，McConnell 框架中适用/不适用/可以修改的指标有哪些？两个阶段的案例研究对 McConnell 框架的评价与文献综述的结论基本一致。可以肯定的是，McConnell 框架可以在中国场景下使用，建议进行以下修正：

• 指标 1（政策目标和政策工具的留存度）"不适用"于中国场景，我们提出了一个适用于中国场景的修订指标，即将指标 1 替换为"政策试验"，我们提出了下列问题：政策是否经过试验并根据利益相关者的反馈作出了改进？

• 指标 2（确保合法性）"部分适用"于中国场景。我们将指标 2 定义得更为广泛：不仅包括"程序的合法性"，也包括"内容或行动的合法性"。指标2可以修改为更适用于中国场景的指标，即“争端解决”。它提出的问题是：政府是否有公平合理的措施来解决争端？

• 指标3（建立可持续的政策联盟）“部分适用”于中国场景。我们添加了一个额外的子指标，即“政府协调”，指村级以上政府系统内和不同部门之间的协调。我们建议指标3由两个子指标组成：“建立可持续联盟”（指标3A）和“政府协调”（指标3B）。这两个子指标是指标3对中国场景下政策制定现状的反映，各占指标3一半的权重。

• 指标4（获取计划领域的支持）“部分适用”于中国场景，但应该保留这个指标来评估中国的公共政策。

• 指标8（满足政策评估领域高度重视的指标）：新设立“效率”“公平”和“适当性”这3个指标，它们被认为是应得到高度重视且与McConnell框架中其他指标互补的。这3个新设立的指标都是独立的，且与McConnell的其他指标同等重要。

• 指标10（提升选举前景和声誉）“不适用”于中国场景。我们建议评估中国环境政策时不要保留该指标。但如果将McConnell框架用于评估其他类型的政策，例如经济政策，我们则建议保留该指标。

• 指标13（为政府提供政治利益）“明确适用”于中国场景，不过我们将指标13的范围从“为政府提供政治利益”扩大到“提供政治利益”来综合评价政策带来的政治利益。

表7.2列出了修正后的McConnell框架。框架的修正基于系统的研究，现在被认为适用于中国场景。总体而言，修正后的框架共有15项指标（包括子指标3A和3B，以及新增的指标8A、8B和8C），这些指标都被视为评估中国环境政策的观察变量。更重要的是，McConnell框架经过本研究的修正，有可能填补中国环境政策评估的空白，即提供一个系统且整体的环境政策评估框架。

表 7.2 对 McConnell 框架的修正

领域	McConnell 框架中的原始指标		对原始指标的修正	修正后的指标	
计划	1	政策目标和政策工具的留存度	不保留原始指标；重点强调政策试验	1	政策试验
	2	确保合法性	定义得更广泛；重点强调争端解决	2	争端解决
	3	建立可持续的政策联盟	拆分并添加子指标 3B，以更全面地满足评估中国政策成功的需求	3A	建立可持续的政策联盟
				3B	政府协调
	4	获取计划领域的支持	没有修正	4	获取计划领域的支持
执行	5	政策实施符合政策目标	没有修正	5	政策实施符合政策目标
	6	政策实施取得了预期效果	没有修正	6	政策实施取得了预期效果
	7	使目标群体受益	没有修正	7	使目标群体受益
	8	满足政策领域高度重视的评估指标	提出指标 8A 且保留	8A	效率
			提出指标 8B 且保留	8B	公平
			提出指标 8C 且保留	8C	适当性
	9	获取执行领域的支持	没有修正	9	获取执行领域的支持
政治	10	提升选举前景和声誉	评估环境政策时不保留，但在评估其他政策时考虑保留	—	—
	11	让政府治理变得容易	没有修正	11	让政府治理变得容易
	12	促进国家战略目标	没有修正	12	促进国家战略目标
	13	为政府提供政治利益	范围扩大到包括所有的利益相关者的政治利益	13	提供政治利益

第四节 评估政策成败的相对性

通过两个阶段四个案例的实证测试和评估，我们修正了 McConnell 框架使其更适用于中国场景。除了上述研究目的，本研究的另一个目的是评估中国农村环境综合整治政策的相对成功或失败，并提出改进该政策的见解。本节回答以下两个研究问题：在每个案例研究中，政策成功/失败的相对程度是什么？政策制定、政策实施阶段的成功/失败及其政治影响之间的内在联系？

本节首先比较和分析在第一阶段（案例 1 和案例 2）以及第二阶段（案例 3 和案例 4）中使用 McConnell 框架的评估结果。其次，我们综合比较和分析了 4 个案例。表 7.3 总结了使用 McConnell 框架在“计划”“执行”和“政治”领域对每个案例的评估结果，这 3 个领域在分析中都被赋予了相同的权重。为了保持一致性，在比较第一阶段和第二阶段的案例时，使用了指标 13 以及“为政府提供政治利益”这一相对狭义的定义。需要注意的是，指标 2 在第一阶段的两个案例中都没有得分（狭义的定义），因此我们仅在案例 3 和案例 4 之间对该指标进行比较（广义的定义）。

表 7.3　使用修正后 McConnell 框架的评估总结（基于表 5.4 和表 6.5）

领域	第一阶段		第二阶段	
	案例 1	案例 2	案例 3	案例 4
计划	绝对失败	绝对失败	绝对成功	总体失败=微不足道的成功
执行	争议性失败=争议性成功	可容忍的失败=有韧性的成功	可容忍的失败=有韧性的成功	总体失败=微不足道的成功
政治	绝对成功	绝对成功	可容忍的失败=有韧性的成功	争议性失败=争议性成功
总体	争议性失败=争议性成功	可容忍的失败=有韧性的成功	可容忍的失败=有韧性的成功	总体失败=微不足道的成功

我们作为第三方研究者使用 MEE 框架对案例研究进行了独立评估，初衷是比较 3 种不同评估方法得出的结果：使用 McConnell 框架的结果、作为第三方研究者使用 MEE 框架的评估结果，以及政府部门采用 MEE 框架的评估结果。然而，我们无法获取政府部门使用 MEE 框架评估所有 4 个案例的相关报告。因此，本节最后部分讨论作为第三方研究者使用 MEE 框架的评估结果，并将其与 McConnell 框架的评估结果进行比较。

一、比较分析案例 1 和案例 2

根据表 7.3，案例 1 被视为“争议性失败=争议性成功”，案例 2 被视为“可容忍的失败=有韧性的成功”，因此案例 2 的得分高于案例 1。对评估指标进行更详细的分析表明，这两个案例在“计划”领域都被视为“绝对失败”，在“政治”领域都被视为“绝对成功”。案例 2 比案例 1 表现更好的原因在于“执行”领域：案例 1 被视为“争议性失败=争议性成功”，案例 2 被视为“可容忍的失败=有韧性的成功”。那么，是什么导致了“执行”领域的这种差异呢？

案例 1 中，T1 乡政府环卫部门负责垃圾收集转运工作。村一级的利益相关者，包括村民、村民代表、农村党员、村党支部委员会和村民委员会成员都被排除在政策执行过程之外。项目目标群体被动接受 P1 项目的实施。村党支部委员会和村民委员会无权监督和管理环卫工人，当地居民抱怨环卫工人经常不按时清理垃圾。此外，村党支部委员会和村民委员会也对下列事实保持沉默，即部分从 V1 村收集的垃圾并没有被转移到垃圾处理设施，而是倾倒在村子附近。

案例 2 中，P2 项目由 T2 乡承包的环卫公司与 V2 村村委会合作运营。V2 村的村党支部委员会和村民委员会成员与 T2 乡政府协商，坚持雇用当地居民作为环卫工人，并且要求 P2 项目的运营接受村党支部委员会和村民委员会的监督。由于村党支部委员会和村民委员会参与了项目的实施并获得了适当的授权，项目的实施更加细致和全面，且易于监控。例如，村委会了解村民的需求，为每户免费提供垃圾桶，免费收集大型家电。雇用当地村民不仅能带来收入，而且当环卫工人本身与当地有联系时，公众普遍认为乱扔垃圾是一种不当行为。此外，村民委员会在项目运营期间严格监督环卫工人的工作，要求环卫工人每天按时收集每户家庭的垃圾，并将垃圾收集到垃圾回收站。

案例 2 在“执行”领域的表现优于案例 1，因此案例 2 的得分高于案例 1。值得注意的是，适度的放权，可以使政策执行更加灵活，更好地满足当地需要，也更有利于地方政府的监督，进而有利于政策执行。这是第一阶段评估的重要教训，它支持了 Wildavsky 和 Majone（1979）的经典主张，即由于执行过程中的不确定性，执行者的自由裁量权至关重要。同样，March（1988）指出，政策执行过程是决策过程的延续，不考虑执行过程的决策是不完整的。因此，一项政策的实施效果在很大程度上取决于政策制定和政策执行的有机结合。中国的科层制政府体系中，行政机构的扩张和行政层级的延伸，必然会在政策制定和实施之间产生大量的不确定性，甚至导致政策流程的结构割裂、联系松散，进而扭曲决策意图，最终导致政策执行偏离初衷（钟海，2018）。因此，我们会看到很多决策具有“一刀切”的属性（安虎森和徐杨，2011）。反观农村环境综合整治政策，其对象是多样化且差距较大的村庄。各地农村的硬件和软件条件差异很大，差异性和不平衡性意味着政策实施必须因地制宜。可见，“灵活性”是农村环境政策实施过程中不可或缺的运行机制（周雪光，2009）。环境政策制定者应当赋予地方机构一定的权力，为政策的便利执行提供必要的空间。Pierre 和 Peters（2000）将政策执行中的权力重构分为 3 种形式：上移、下移和外移。综上所述，可以得出这样的结论：将一定的权力“下移”给地方行政机构，可以提高政策执行的有效性。

二、比较分析案例 3 和案例 4

根据表 7.3，案例 3 被视为“可容忍的失败=有韧性的成功”，案例 4 被视为“总体失败=微不足道的成功”。案例 3 的总体得分高于案例 4，在“计划”“执行”和“政治”领域表现更好。那么，为什么案例 3 在各领域的得分均高于案例 4?

首先，两个案例在“计划”领域的主要区别是什么？在案例 3 中，大多数利益相关者被纳入了政策制定过程，通过非正式沟通和正式的村民会议，让村民有机会听取建议、相互沟通、提供反馈，更重要的是影响决策。相比之下，在案例 4 中，大多数利益相关者被排除在政策制定过程之外。根据文献综述，如果公众参与的制度设计“具备包容性和代表性，【就可以帮助】解决‘误解’【这个政策过程中存在】的问题”（Fung，2006：70）。具有包容性和代表性的参与制度设计将为公众提供支持或服从政策倡议的充分理由，换句话说，确保政策合法性。因此，P3 项目的合法性不存在任何挑战，案例 3 在指标 2（确保合法性）方面得分较高。此外，研究结果表明，具备包容性和代表性的决策过程鼓励协商和谈判，使村民之间、村民和村“两委”之间更容易达成共识并接受村“两委”提出的政策方案。这种共识是大多数公众支持该计划的基础，也是 P3 项目获得正式批准的必要条件。这就是为什么案例 3 在指标 3（建立可持续的政策联盟）和指标 4（获取计划领域的支持）方面的得分均高于案例 4 的原因。可以得出结论，案例 3 在“计划”领域得分较高，可以归因于一套更具包容性和代表性的公众参与制度，或者说有效的参与规则。

其次，两个案例在“执行”领域的主要区别是什么？在案例 3 中，P3 项目由村民委员会在本地实施。利益相关方广泛参与决策过程，使得决策者能够积极听取意见并采纳合理建议，从而避免了项目实施过程中可能出现的许多问题。相反，案例 4 中的 P4 项目由县政府自上而下实施，决策过程没有广泛的利益相关者参与，政策制定者也没有听取目标群体的意见或采纳反馈。因此，P4 项目一定程度上脱离农村实际，项目的实施也遇到了很多困难。这些困难并没有被决策者提前发现，他们也未能找到可行的解决方案。“当某些群体因为被排除在外、无组织性或组织性太弱而无法影响政治议程、影响决策或获得与评估政策替代方案能否更好地服务其利益相关的信息时，法律和政策很可能无法为他们服务。”（Fung，2006：70）因此，案例 4 在指标 7（使目标群体受益）、指标 8B（公平）、指标 8C（适当性）和指标 9（获取执行领域的支持）方面得分较低。可以得出结论，案例 3 在“执行”领域得分较高可以归因于更有效的参与规则，案例 4 在政策制定过程中缺乏公众参与一定程度上导致了“执行”领域的失败。

最后，两个案例在“政治”领域得分的差异主要归因于指标 13（提供政治利益）的差异。在案例 3 中，包括政党、地方政府和政府官员在内的利益相关者从相对成功的政策实施中获得了政治利益，而公民也通过参与决策过程追求了自己的民主权利。在案例 4 中，受访者更支持政党和地方政府，因为他们认为农村污水处理项目是中国共产党和地方政府的一种社会福利。但由于村民没有参与政策制定过程，他们并没有获得政治上的好处。与此同时，由于该项目实施过程中出现的一系列争议，受访者对政府官员颇有怒气。因此，可以得出结论，案例 4 在“政治”领域的失败可以归因于公众未能参与政策制定过程以及政府官员未能妥善解决政策执行过程中的争议，这些争议的根源在于缺乏鼓励性的参与规则。

研究结果表明，政策制定过程中利益相关者的参与程度越广泛，政策就越可能成功。这是本研究的一项重要结论。事实上，“新公共管理运动”鼓励第三方组织参与公共事务，以帮助提高政府效率和政策效果（黄健荣，2005）。它挑战了传统的官僚范式，因为政府作为公共产品的提供者具有固有的局限性（Pestoff 等，2013）。当政府未能有效配置社会资源、企业出于逐利动机而不愿提供公共产品时，第三方组织可以有效弥补政府和市场在资源配置方面的缺陷（李亚平和于海，1998）。第三方组织对具体问题的参与也可以极大地推动公共政策的进程，并对最终的政策效果产生积极影响（Box，1997）。根据 Pierre 和 Peters（2000）的观点，可以得出结论：将相关决策权“外移”给更多的第三方参与者，例如公众和专业咨询机构，可以提高公共政策的有效性。

三、全部案例的综合比较分析

McConnell 框架有助于描述政策成功或失败的程度，也可以帮助探索“计划”“执行”和“政治”领域之间不可分割的联系。本小节综合 4 个案例研究的结果，深入探讨政策制定、政策实施阶段的成功/失败及其政治影响之间的内在联系。

（一）计划 vs 执行

如表 7.3 所示，案例 1、案例 2 和案例 4 在“计划”领域基本上都失败了（案例 3 在“计划”领域被视为“绝对成功”，因此不参与比较）。但区别在于，案例2在“执行”领域倾向于是成功的，而案例1和案例4在“执行”领域更倾向于是失败的。为什么在案例2中“计划”领域的失败没有导致“执行”领域的失败，而在案例1和案例4中“计划”领域的失败却导致了“执行”领域的失败？

首先比较案例1和案例2。正如前文所讨论的，案例2中一定程度的放权可以提高政策执行的有效性。因此，尽管案例1和案例2在政策制定方面都有比较明显的失败，但案例2在政策执行方面表现更好：由于村党支部委员会和村民委员会参与了项目的实施并获得了适当的授权，项目的实施更加细致和全面，且易于监控。

其次比较案例2和案例4。可以看出，在案例2和案例4中，主要利益相关者都没有参与政策制定。然而，在案例2中，缺乏主要利益相关者的参与并没有导致政策设计出现严重缺陷，也没有在实施过程中引起严重争议。这主要是因为村党支部委员会和村民委员会积极参与政策实施的行为消除了潜在的纠纷。在这种情况下，即使项目设计出了问题，村党支部委员会和村民委员会也会积极地解决问题。例如，由于有了村民委员会的监督，没有出现环卫工人不及时清理垃圾的问题（类似的问题在案例1中出现过）。在案例4中，由于缺乏主要利益相关者的参与，政策设计存在缺陷，这也被认为是政策执行中出现各种争议的根源。虽然村党支部委员会和村民委员会在政策执行过程中扮演了“救火队长”和“消防员”的角色，但村党支部委员会和村民委员会并没有被赋权，而只是被动地配合县政府解决纠纷。因此，案例2和案例4在政策执行阶段的主要区别在于：在案例2中，村地方行政机构被授权主动参与，而在案例4中，村地方行政机构被命令且被动参与。

以上比较分析解释了为什么案例2中“计划”领域的失败没有导致“执行”领域的失败，而在案例1和案例4中则恰恰相反。上述研究结论进一步强调了在政策实施过程中适当授权的重要性。同时也可以得出另一个重要的结论：“计划”领域的失败并不一定会导致“执行”领域的失败。

（二）计划、执行 vs 政治

所有 4 个案例在“计划”和“执行”领域都有不同程度的成功和失败，但每个案例都至少包含了一些在“政治”领域成功的要素。这一发现引出了另一个问题：“计划”和“执行”领域的成功或失败与“政治”领域的成功或失败有何种联系？为了解释这个问题，以下内容逐个讨论 McConnell 框架中有关政治影响的指标，即指标 11、指标 12 和指标 13。

就指标 11（让政府治理变得容易）而言，这 4 个案例均被视为“绝对成功”（见表 5.4 和表 6.5）。在中国，行政精英和社会精英处于公共政策制定体系的核心，拥有公共决策权，并习惯于在有限的公民参与下进行决策（朱旭峰，2008）。特别是在农村地区，村民很少参与政治（钟海，2018），而且对环境保护普遍不敏感（栗晓红，2011；杜焱强等，2016），因此在这种情况下政府更容易控制议程。出于这些原因，在 4 个案例中指标 11 都被视为“绝对成功”。然而，中国公众参与公共事务管理的需求与日俱增，公民在公共组织和公共事务管理中的作用不断加强，公民参与重要领域公共政策制定和实施的过程日益法治化（刘小魏和姚德超，2014）。地方政府，尤其是在可能会造成负面政治影响的焦点事件或邻避事件的扰动下，越来越理解从公众而来的压力。这种压力有时通过网络迅速传播，但地方政府却无法在应对策略上进行及时调整。因此，政策制定和执行的失败可能会导致政府无法让其治理变得容易（姚德超和刘筱红，2014；曾润喜和朱利平，2016；王国华和武晗，2019）。换句话说，“计划”或“执行”领域的失败可能会导致“政治”领域的失败。

就指标 12（促进国家战略目标）而言，案例 3 和案例 4 的得分低于案例 1 和案例 2（见表 5.4 和表 6.5）。事实上，环境保护可能与政府期望的其他目标（例如经济发展）发生冲突。这种冲突在短期内可能会比较激烈——不仅在中国如此，在西方世界的环境治理实践中也是如此。虽然类似的冲突很难避免，但行政管理部门应尽量规避政策行为引发的冲突，例如因推广环保煤炉造成农村居民取暖费用大增，或者过于宏大的政策目标导致地方财政压力激增。“政治”领域的成功和失败源于“计划”和“执行”领域，它们之间存在必然的联系。

指标 13（为政府提供政治利益）在所有 4 个案例中均被认为是成功的（见表 5.4 和表 6.5）。当今社会，政府代表公众利益，有义务对公共资源进行高效、公平、合理的配置（Rothstein，2011），以建立、维护和巩固经济、政治和文化秩序（赵晖，2004；袁明旭，2011，2014；黄仁宗，2012）。同时，公众评价政府质量，即“政府在多大程度上造福于其所服务的人民，以及政府是否以合法且社会可接受的方式制定和实施决策”（Fan 等，2011：208-209）。在这个过程中，公平和使目标群体受益等指标被视为评价政府质量的关键指标（Teorell，2009；Svallfors，2013；Dahlberg 等，2020），反映了政府政策制定和实施的过程，是公众支持或反对政府行为的依据（苗红娜，2014）。根据上述讨论以及表 5.4 和表 6.5 的评估结果，我们观察 4 个案例中指标 7（使目标群体受益）和指标 8B（公平）的平均得分，即可发现政策的制定和实施与政府的政治利益之间的关系：案例 1=（3+3）/2=3，案例 2=（5+3）/2=4，案例 3=（4+5）/2=4.5，案例 4=（1+1）/2=1。可以看出，案例 1、案例 2 和案例 3 一定程度上使目标群体受益且保障了公平，因此受访者对地方政府的支持程度增加了“较多”或“很多”，这个结果支持了政策的制定和实施与政府的政治利益具有一定相关性的说法。案例 4 是一个例外，它在指标 7 和指标 8B 的得分较低，因此在为政府提供政治利益方面理应是失败的。然而，案例 4 的受访者认为，由于农村环境综合整治项目，他们对地方政府的支持程度同样增加了“较多”或“很多”。受访者认为地方政府官员，而不是地方政府才是问题的根源，因为政府的初衷是好的。显然，受访者将地方政府和地方官员单独看待。从这个意义上说，当指标 13 的范围从“为政府提供政治利益”扩大到“提供政治利益”来综合评价政策带来的政治利益时，我们一定可以观察到“政治”领域的成功或失败与“计划”和“执行”领域的成功或失败存在必然的联系。

综上所述，可以得出结论：“计划”和“执行”领域与“政治”领域相关。因此，指标 11、指标 12 和指标 13 可以帮助评估一项政策在中国场景下的政治影响。

四、采用 MEE 框架进行评估

本研究采用三角互证法，将应用 McConnell 框架的评估结果与应用 MEE 框架的评估结果进行比较，以确保评估和分析的有效性。一方面，由于 MEE 框架仅评估了 McConnell 框架中指标 5 和指标 6 涵盖的方面，因此将 McConnell 框架中指标 5 和指标 6 的评估结果与使用 MEE 评估框架的评估结果进行比对，我们发现两者的评估结果具有一致性（见第五章第五节和第六章第五节），这进一步证实了研究结果的有效性。另一方面，将采用 MEE 框架对四个案例的评估结果得分从最高到最低排序，即案例 2>案例 4>案例 3>案例 1。然而，使用完整的 McConnell 框架评估，我们得到了不同的结果，即案例 3>案例 2>案例 1>案例 4。如此不同的结果说明了什么？

McConnell 框架和 MEE 框架是应用于不同场景、拥有不同目的和不同工具的两种框架。McConnell 框架旨在系统且整体地评估政策过程及其取得的效果，而 MEE 框架旨在应用于具体项目执行层面，其范围更狭窄和更具体。使用这两个框架的不同评估结果表明 McConnell 框架与 MEE 框架之间存在一定程度的互补性。

政策制定者可以采纳一种更系统和整体的评估框架得出更为全面的观点，或者只关注政策项目的具体执行层面——这两种思路都正确。对于更高级别的政策制定，建议使用修正后的 McConnell 框架，因为它可以帮助政策制定者识别更大的问题：政策制定者不仅要评估政策过程的一部分，还要将其作为整体的一个环节来进行系统的考察，同时也应该特别关注不同领域之间的相关性。

第五节　政策成功或失败的原因

本节再次基于案例研究来回答最后一个研究问题，即政策成功或失败的原因是什么？本节首先讨论 McConnell（2016）对政策成功或失败的解释，其次根据案例研究的结论对 McConnell 的主张进行补充。

一、基于 McConnell 框架的解释

McConnell 将政策失败的原因分为 3 个维度，即以个体行动者为中心的维度、以制度/政策过程为中心的维度和以社会为中心的维度（见表 2.3）。表 7.4 将案例研究的结果归类到上述 3 个维度之中，以帮助我们分析每个案例中政策失败的原因。这样的归类是有意义的：①政策失败是政策成功的一面镜子。将案例失败的原因归类，可以为决策者提供有益的信息，避免类似的原因再次出现，从而提高政策成功的可能性。②如果存在归类在 McConnell 框架之外的解释，那这类解释就是对 McConnell 政策失败原因的有益补充。

表 7.4　根据 McConnell 框架观察到的政策失败的原因（四个案例）

维度	McConnell 提出的政策失败的原因	案例中政策失败的原因	具体案例
以个体行动者为中心的维度	缺乏能力	缺乏专业性	案例 3：项目设计者没有环境治理方面的专业知识
以制度/政策过程为中心的维度	机构自身利益	制度设计	案例 1、案例 2 和案例 4：限制大部分利益相关者进入决策
		官僚主义和避责行为	案例 4：上级行政机构将责任转移到低级别行政机构

续表

维度	McConnell 提出的政策失败的原因	案例中政策失败的原因	具体案例
以制度/政策过程为中心的维度	决策能力较弱	缺乏规范化和标准化的政策制定过程	案例 1：未能系统地评估意外结果 案例 2：未能评判优先环境问题 案例 4：未能检验可能的政策方案并评估意外结果
以社会为中心的维度	社会价值观和权力结构的缺陷导致政策制定的偏差和不可避免的失败	政治精英的议程设置	案例 1 和案例 2：决策偏差导致“计划”领域的失败。但政府更好地控制了议程，使治理变得容易

（一）以个体行动者为中心的维度

地方政府缺乏环境治理方面的专业知识，限制了他们处理复杂环境问题以及制定和实施环境项目的能力。例如，在案例 3 中，P3 项目是由村党支部委员会和村民委员会提出项目方案，并根据其他利益相关者（例如村民）的建议而设计的。然而，项目方案设计的参与者均不具备设计环境项目的专业知识，村党支部委员会和村民委员会也没有咨询拥有相关专业知识的第三方组织。这使得项目设计虽然满足了村民的需求，但却不是以可持续的理念设计和实施的，例如并未考虑排泄物的回收和可持续利用。

（二）以制度/政策过程为中心的维度

首先，制度设计限制了大多数利益相关者参与政策制定过程，因此在“计划”领域，项目成功的概率就会降低，例如案例 1（绝对失败）、案例 2（绝对失败）和案例 4（总体失败=微不足道的成功）。

其次，地方官员会转移责任，以避免因未能解决棘手问题而受到指责。最好的例子是案例 4，县政府将解决征地补偿纠纷的责任推给乡镇政府和村“两委”，导致项目实施受阻。

最后，地方政府作出科学决策的能力较差。在这 4 个案例中，地方政府普遍缺乏标准和科学的政策制定流程，即政策制定前如何发现问题；如何衡量问题的规模和严重性；如何研究和形成可能的政策方案；如何系统地评估政策方案的可能结果，包括预期和意外结果；如何评估实际的政策结果。事实上，地方政府可能会采取其中一两项行动，但目前尚不可知这类行动是否具备标准性和科学性。

例如，在案例 1 中，乡政府在设计方案时缺乏利益相关者的参与，导致了项目设计的缺陷和一些其他意料之外的结果（比如一些村民没有使用垃圾收集点，而是将垃圾倒入他们挖的坑中）。在案例 4 中，县政府根据乡镇政府提交的数据，简单地计算了每个村庄现有人口和户数、现存生活污水处理设施和未来生活污水产生量，并以此为依据建设 P4 项目。因此，P4 项目的设计过于简单，且未能根据每个村庄的现状提出更有针对性的方案。县政府也未能在项目方案中纳入针对意外事件的应对措施，例如如何处理突发的土地纠纷。

由于缺乏标准和科学的决策过程，决策的质量很容易受到领导人个人看法的影响。与街头官僚机构类似，公共服务提供者的属性是官僚自由裁量权的决定因素之一（Scott，1997）。哪些项目应该列入政策议程、采取哪些措施，甚至对政策有效性的判断，很多都取决于政治领导人的认知、判断能力、背景、经验等个人因素，进而对政策过程和政策结果产生显著影响（区耀荣和蒋敏娟，2015）。例如，案例 1 中，村党支部书记是当地典型的农民，以务农为生。受访者形容他“僵化”和“墨守成规”。案例 2 中，党支部书记履新不久且是一位富商。受访者用“坚强”“有力”“雄心勃勃”等词来形容他。案例 3 中，党支部书记是市政府派往当地工作的官员。受访者形容他“拥有远大的政治抱负，希望表现出色，得到上级的认可”。案例 4 中，村党支部书记已在当地工作多年。受访者形容他是典型的“街头官僚”，圆滑且世故。案例 2 和案例 3 的村党支部书记被认为更有进取心和雄心，从而更加积极地改善当地环境。因此，案例 2 和案例 3 相较于案例 1 和案例 4 更加成功。

（三）以社会为中心的维度

精英利益产生决策偏差，从而导致了“计划”领域的失败和指标 11 的成功。例如在案例 1 和案例 2 中，政策议程的设定几乎没有公众参与，地方政府成功掌控了政策议程。地方政府将容易采取行动、短期内能取得明显效果且只需要少量投资的环境问题优先纳入政策议程，却忽视了地下水污染、秸秆残留和农田地膜残留等长期或棘手的环境问题。

二、补充性解释

McConnell 框架有助于系统地分析政策失败的原因。然而，这个框架可能不足以揭示中国的政策故事。因此，仍然需要找到更多的经验、教训和证据来补充 McConnell 对政策成功和失败原因的解释。我们认为经济发展状况可能是中国场景下对政策成功和失败的一种补充性解释。

研究结果表明，地方经济越发达，采用 MEE 框架评价政策绩效的效果越好。在这 4 个案例中，案例 2 的特点是经济条件最为优秀。V2 村拥有充足的旅游资源和游客，可以为当地经济带来持续性收入，使村民委员会有经济基础提供免费的公共服务，如垃圾桶、大型家电回收等。地方行政机构也更有意愿处理农村垃圾问题，因为更好的环境可以带来更多的游客，这是所有受访者的共同观点。这就是案例 2 获得最高的分数并且比案例 1 表现更好的原因之一。

案例 4 中，V4 村也有雄厚的经济基础。温室农业是当地经济的主要收入来源。为了发展经济，V4 村在村里公路入口附近修建了大型展览中心和生态农业餐厅，用于商务洽谈和政府官员参观。因此，V4 村是 CT4 县最早拥有污水处理设施的村庄之一，有助于保持该村良好的环境形象。这就是案例 4 采用 MEE 框架获得第二高的分数并且表现优于案例 3 的原因之一。

事实上，MEE 框架中的“农村环保队伍建设”和“设施运行管理”方面，案例 2 和案例 4 的得分均远高于案例 1 和案例 3（见表 5. 5 和表 6. 6）。雇用环保人员和维护环保设备需要大量资金，因此当地财政状况良好是环保项目成功的关键因素。当然，环保项目的成功与前文提到的原因密切相关，所以这并不意味着相对贫困地区的环境项目一定不成功。而且如前所述，仅MEE框架也具有较大的缺陷，对项目的全面评估建议使用修正后的McConnell框架。但无论使用哪个框架进行评估，都可以推断出经济条件良好是环境项目成功实施的重要因素之一。

第六节　理论贡献

一、McConnell政策评估框架

McConnell框架的价值在于它能够从系统性和整体性的视角和方式，对政策成功或失败进行结构化的评估。正如文献综述指出的，当前大多数的文献仅简单描述政策成功或失败，却未能提出一个系统的、整体的框架用于评估政策成功或失败。McConnell框架弥补了上述空白。虽然它仍然以政策失败为出发点，但通过评估“计划”“执行”和“政治”领域的一系列指标，它也可用于评估政策的成功，以及政策失败和成功之间的“灰色地带”。结构化的评估使在不同文化和政治背景下进行的比较研究变得更加容易。本书的实证研究表明，修正后的McConnell框架是综合评估我国环境政策的有用工具。下文总结本书作出的4个重要的理论贡献。

第一，在McConnell（2015）最初提出的13个指标中（见表2.2），指标1~3判断政策制定过程中的关键步骤，指标4考察政策制定过程中公众支持或反对的程度，指标5~6判断政策的目标和结果，指标7考察公众是否认为他们从该政策中受益，指标9考察政策实施过程中公众支持或反对的程度，指标10~13判断政策的政治影响。上述指标不包含任何价值判断的成分，而指标8本应包含一定的价值判断，但McConnell没有澄清这些价值判断具体指的是什么（McConnell，2010b，2015，2016）。因此，McConnell最初的框架虽

然提供了可以衡量政策成功或失败的关键指标，但并没有能力对政策内容作出任何道德判断。以一个极端价值案例为例，纳粹德国的大屠杀政策导致了数百万犹太人被杀害——如果使用 McConnell 最初的框架评估，这一政策在政策制定和执行上都可以被评价为一项成功的政策，甚至在“政治”领域，尽管这项政策在德国遭到抵制，但“剩余的反对派永远无法削弱帝国内部普遍的消极态度，甚至民众对纳粹政策的支持”（Pines，1994）。这个案例恰恰说明了道德判断的重要性，道德判断就是“对实施某项行为所隐含的禁忌，隐喻应该和不应该”（Cohen 和 Wartofsky，1963：219）。

基于上述论述，本研究的主要贡献之一是明确了指标 8 中应包含的内容，即指标 8A（效率）、8B（公平）和 8C（适当性）。这些指标填补了最初的 McConnell 框架留下的空白，是对 McConnell 框架的关键补充，因为最初的 McConnell 框架缺乏评估公共政策部门“价值”维度的能力。这 3 个新提出的指标实际上可以不限于“执行”领域，还可以用于“计划”领域。然而，效率不是对一项政策的道德判断，因为人们可能会认为纳粹德国的大屠杀政策是杀害犹太人的有效方式。争取公平很重要，但绝对公平在公共政策实践中是无法实现的，因为“规则本身就不建立在绝对公平之上”（Shaw 等，1848）。与之相比，“适当性”，例如可持续发展、保障人权等理念，则意味着对“善”的道德判断，进而成为对一项政策最重要的“道德检验”。当然，这些“道德检验”可能因国家和文化有所差异，甚至人们对“道德”的解释方式也可能不同，但讨论“适当性”中应该包含哪些“道德判断”不在本书的研究范围内。

第二，虽然指标 8A、8B 和 8C 补充了 McConnell 框架，但我们并不确定框架中的其他指标是否可以判断中国场景下的政策成功或失败。在本研究中，一些指标被判断为“适用”“部分适用”和“不适用”于中国场景，这是本书的一个重要贡献。此外，本研究的另一个重要贡献是根据中国场景对框架中的指标进行了调整：指标 1（政策目标和政策工具的留存度）修正为“政策试验”；指标 2（确保合法性）的定义更广泛，并修正为“争端解决”；指标3（建立可持续的政策联盟）中增加了一个附加指标——政府协调，以更全面地反映中国场景下政策制定的现状；指标4（获取计划领域的支持）部分符合中国国情，但被保留；指标10（提升选举前景和声誉）在用于评估环境政策时不建议保留，但用于评估其他类型的政策时则应考虑保留；指标13（为政府提供政治利益）的范围扩大到"提供政治利益"。这些修正使McConnell框架（至少在本书调查的案例中）有助于评估中国环境政策的成功或失败。

第三，本研究首先从理论上评估McConnell框架，然后使用实证调查对其进行测试和修正。为了确保研究更为有效，我们使用了多样化的方法并开发了不同的工具来帮助测试和评估该框架。首先，本研究采用了自适应学习、案例研究和三角互证法，从访谈、公开文件、现场观察和定性视听资料中获取定性和定量的数据。其次，我们开发了一套评分系统填补了McConnell在方法论上的空白。对于如何具体衡量政策成功或失败，我们添加了两个额外的参考点，即"绝对失败"和"绝对成功"，用于评估"计划""执行"和"政治"领域以及单个评估指标的成功或失败的程度。这两个额外的参考点只针对个体指标和某一领域，但不针对政策整体。此外，我们以McConnell给出的评估单一指标的指南为蓝本，根据理论综述对指南进行了修改。修订后的指南可用作评估"计划""执行"和"政治"领域每个指标成功或失败程度的基础。最后，我们提出了一个有序的、五分制的量表来衡量不同程度的成功或失败。这个量表可以用于计算某一个指标、某一个领域以及整个政策方案从失败到成功范围内的得分。综上所述，对上述多样化方法的应用和不同工具的开发是本研究的重要贡献，可为后续研究提供有力的参考。

第四，修正后的McConnell框架是对当前环境政策评估工具的补充，尤其是对微观项目层面政策评估工具的补充，例如MEE框架。对于更高层的决策者来说，修正后的McConnell框架是更全面的政策评估工具，因为它考虑了政策有效性之外的指标、整个政策过程和政策领域（计划、执行和政治）之间的相关性。在中国场景下，政策过程的特点是"顶层设计、本地执行"

(Naughton，2012)。如果只评估某一领域，就可能会忽略重要的政策信息，失去重要的政策学习机会。因此，McConnell 框架在中国场景下具有很强的实际应用潜力。

二、政策成功和失败的原因

迄今为止，许多相关文献混淆了政策成功和失败的表象和原因，这是有根本区别的。McConnell 区分了“如果政策失败可以观察到什么”和“导致这种失败的原因”。然而，对 McConnell（2016）提出的政策成功和失败的原因的解释却鲜有实证研究。因此，在 McConnell 的基础上，我们通过中国场景下的案例研究来识别和理解政策成功和失败的原因。

案例中关于政策成功和失败原因的结论可以契合 McConnell 框架，即可被分为 3 个维度，以个体行动者为中心的维度、以制度/政策过程为中心的维度和以社会为中心的维度。正如前文所讨论的，这个框架有助于研究者理解中国农村政策成功和失败的原因。研究结果进一步表明，政策成功和失败是由个人行为、制度设计和社会价值观之间复杂的相互作用造成的。

案例研究发现，McConnell 提出的 3 个维度之外的一些因素也可被视为政策成功和失败原因，例如经济发展状况。然而，第四章中讨论的一些可能影响中国农村政策进程的因素，如“关系”“人情”“互惠”等，在案例研究中并未被发现，但可能在其他案例中是重要的影响因素。还有一些因素没有在案例研究中观察到，但对中国的政策过程至关重要且可能影响政策效果。例如，官僚体系的灵活性被认为是中国政治体系成功的关键要素（Heilmann，2017)。因此，我们认为讨论政策成功和失败的原因时必须考虑上述中国场景下的特有特征。

三、研究不足和未来挑战

首先，McConnell（2015）使用“阶段启发框架”（萨巴蒂尔，2004；Kulaç 和 Özgür，2017）作为其政策评估框架的底层构架。Anderson（2003）

把政策过程视为一种有序的行动方式，包括若干关于行动的功能范畴和阶段。本研究也将政策过程的一部分简单分为政策制定和政策实施两个阶段。其中，政策制定过程又分为议程的设定、政策方案的形成和政策的采纳。然而，政策过程是复杂的，对于使用“阶段启发框架”来描述政策过程仍然存在很多争论。正如萨巴蒂尔（2004：10）所说：

> 阶段启发法假设仅关注某项重大法律的单一的政策循环圈，该假设过于简化了涉及各层级政府众多政策建议和法令条例的多元与互动的循环圈。

中国的政策过程可能更加复杂，因为政府通常在地方层面进行政策试验。政策试验的基本流程可以描述为国家层面政策制定—地方试点—试点实施—实施效果反馈—政策修正—政策大规模实施。这一过程通常与各级地方政府的政策学习和政策模仿相结合（刘伟，2014）。因此，政策进程可能会重叠。例如，试点项目的实施可能是迈向更大规模政策制定的前一步。然而，McConnell框架基于线性政策过程，忽略了“多元与互动的循环圈”（萨巴蒂尔，2004）。因此，使用McConnell框架来评估多元政策过程必须谨慎，因为很难确定哪个步骤属于政策制定过程，哪个步骤属于政策执行过程，这可能会导致误用McConnell框架中的评估指标，未来的研究应该意识到这一局限性。

其次，在McConnell框架中，评估指标之间和各个领域之间是否具有相同的权重也需要进一步讨论。McConnell（2015：237）没有明确说明如何权衡每个评估指标和领域，但他认为：“哪些因素重要/不重要，是分析‘艺术和工艺’的一部分。”从逻辑上讲，“元指标”应当优于其他评估指标，例如指标8A（效率）、指标8B（公平）和指标8C（适当性）相比其他评估指标应该被赋予更大的权重，因为这3个指标具有“元指标”的特征（谢明和张书连，2015）。但本研究并没有区分McConnell框架中各项指标和各个领域的重要性，而是赋予它们同等的权重。因此，未来的研究在使用McConnell框架进行评估时需要考虑这些因素。

第七节 小结

本章对研究中提出的问题一一作出回应。首先，本章根据理论评估和两个阶段案例应用的发现和结果，逐一回顾 McConnell 框架中的每一个指标，随后对 McConnell 框架提出了改进建议，并提出了一个适用于中国场景的最终修订框架。其次，本章比较和分析了第一阶段和第二阶段案例的评估结果，从中得出结论：将一定权力“下移”给地方行政机构或者“外移”给第三方参与者，可以提高环境政策的有效性；“计划”领域的失败并不一定会导致“执行”领域的失败，“政治”领域的成功和失败与“计划”和“执行”领域存在必然的联系。再次，案例中关于政策成功和失败原因的结论可以契合 McConnell 框架，但框架之外的一些因素也可被视为政策成功和失败的原因，我们认为在中国场景下讨论政策成功和失败的原因时必须考虑中国的特征。最后，本章讨论了本研究对现有知识的贡献。本研究对 McConnell 框架进行了完善和修正，使 McConnell 框架在中国场景下拥有了更强的实际应用潜力，也是对当前中国环境政策评估工具的有力补充。本研究应用的多样化研究方法和开发的不同工具也是对现有知识的重要贡献，可为后续研究提供有力参考。当然，本研究在两个方面仍有不足之处，也为后续研究留下了一定的挑战。下一章是本书的最后一章，总结了本研究最重要的见解。

第八章　结　论

环境政策是如何设计、实施和评估的，是一个在中国经常被提出的问题。然而，目前中国还没有一个系统且全面的环境政策评估框架，本书旨在填补这一空白。我们以政策成功和失败的概念为出发点，判断 McConnell（2015）的政策评估框架拥有应用于中国的潜力。然而，这一框架还没有经过彻底的检验，尤其是在中国场景之下。本书通过具体案例对 McConnell 的政策评估框架进行了测试和应用，使其更广泛地应用于中国环境政策评估。

本书主要包括 4 个研究问题。我们首先回答第一个研究问题，即在中国场景下，McConnell 框架中适用/不适用/可以修改的指标有哪些？我们首先从理论角度对该框架进行了评估，对此框架进行了初步的补足和评估方法上的完善。其次，我们以中国农村环境综合整治项目为案例，对此框架进行了两个阶段的实证测试和评估。研究发现，该框架中的大部分指标适用于中国场景，但需要进行一些相对较小却重要的修正。修正后的 McConnell 框架是对我国当前环境政策评估工具的补充，可以为政策制定者提供更具系统性和整体性的观点。

McConnell 框架为评估政策的制定、实施和政治影响提供了基础。它的价值在于能够从系统性和整体性的视角，对政策成功或失败进行结构化的评估。本书的第二个和第三个研究问题涉及如何衡量和理解中国环境政策的成功或失败。研究结果表明，各个案例在单项评估指标、领域（计划、执行和政治）和项目整体上的成功或失败程度差异明显。“计划”领域的失败并不一定会导致“执行”领域的失败，“政治”领域的成功和失败与“计划”和“执行”领域存在必然的联系。在应用 McConnell 框架进行评估的同时，我们也将使用

McConnell 框架的评估结果与应用生态环境部的农村环境综合整治项目环境成效评分表（MEE 框架）获得的结果进行比较。比较结果进一步确认了本书研究的有效性，修订后的 McConnell 框架是我国当前环境政策评估工具的有力补充。

基于 McConnell（2016）框架的解释，本书回答第四个研究问题，即政策成功或失败的原因是什么？研究结果表明：政策成功或失败是由个人行为、制度设计和社会价值观之间复杂的相互作用造成的。需要注意的是，在 McConnell 框架之外的一些因素也可被视为政策成功或失败的原因，我们也认为在讨论政策成功或失败的原因时必须考虑中国场景下特有的特征。

对于更高层的决策者来说，修正后的 McConnell 框架是更全面的环境政策评估工具，因为它考察了政策有效性之外的指标、整个政策过程和政策领域（计划、执行和政治）之间的相关性。通过比较和分析第一阶段和第二阶段案例的评估结果，我们得出了提高中国农村环境政策有效性的见解。政策制定者可以考虑让更多的利益相关者参与政策制定，并在政策流程上保障这些利益相关者提出的建议得到适当采纳。通过更广泛的公众参与，可以增强公众对政策方案的支持，并有效减少政策实施中发生冲突的可能性。研究还表明，需要适当的“下移”或“外移”权力，以提高政策的有效性。应当鼓励更多专业第三方机构参与政策方案的设计和评估。行政机构也需要引入科学的决策程序，从而提高决策的合理性。

虽然本研究取得了一定的进展，但总体研究设计仍存在一些局限性。第一，研究结果的推广性受到案例选择的限制。未来的研究可以扩大评估范围，选择更多领域的案例进行比较。第二，数据的可靠性可能会受到选定的污染治理类型的影响，建议今后的研究针对更多类型的环境保护项目。第三，本研究针对环境政策评估，进一步研究可以选取其他类型的公共政策，从而进一步判断 McConnell 框架的适用性。第四，本研究开发了一套评分系统用以填补 McConnell 在方法论上的空白，后续需要更多的研究来改进这个评分系统。

尽管存在上述局限性，但本研究填补了中国缺乏一个系统且整体的环境政策评估框架的空白。修订后的 McConnell 框架和本研究开发的方法对于评估中国环境政策较为实用。特别是在更高的政策层面，使用修订后的 McConnell 框架可以提供对政策过程的整体看法，以识别更大的问题，进一步加深对中国环境政策成功和失败的理解。

参考文献

安虎森，徐杨，2011.“一刀切”政策不利于缩小我国区际收入差距——来自新经济地理学的启示［J］. 社会科学辑刊（5）：93-98.

白现军，2012. 乡镇政府政策执行力评估：主体、客体与指标［J］. 理论导刊（10）：12-13，17.

鲍自然，2015. 影响中国环境政策执行效果的因素分析［D］. 北京：中国人民大学.

Bradsher K，2013. 中国出台十条措施应对空气污染［EB/OL］. 纽约时报. https：//cn. nytimes. com/china/20130617/c17pollution/dual/.

才华，董兴杰，2012. 我国意识形态机构建设研究的回顾与反思［J］. 河北大学学报（哲学社会科学版），37（1）：147-149.

曹丽萍，等，2004. 非点源污染控制管理政策及其研究进展［J］. 地理与地理信息科学，20（1）：90-94.

曹晓飞，戎生灵，2009. 政治利益研究引论［J］. 复旦学报（社会科学版）（2）：103-109.

陈第华，2014. 特殊保护弱势群体：公共政策之公平性考量［J］. 江汉论坛（2）：81-84.

陈玲，等，2010. 择优还是折衷？——转型期中国政策过程的一个解释框架和共识决策模型［J］. 管理世界（8）：59-72.

陈明艺，裴晓东，2013. 我国环境治理财政政策的效率研究——基于DEA交叉评价分析［J］. 当代财经（4）：27-36.

陈庆云，1994. 统一政策分级决策［J］. 中国行政管理（11）：38-39.

陈潭，2006. 公共政策变迁的过程理论及其阐释［J］. 理论探讨，133（6）：128-131.

陈锡喜，2014. 论意识形态的本质、功能、总体性及领域［J］. 上海交通大学学报

（哲学社会科学版），22（1）：5-11.

陈振明，2004. 政策科学：公共政策分析导论［M］. 北京：中国人民大学出版社.

陈自芳，2011. 区域经济学新论［M］. 北京：中国财政经济出版社.

程吉宏，王晶日，2002. 区域环境影响评价中土地使用生态适宜性分析［J］. 环境保护科学，28（8）：52-54.

褚清华，王凡凡，2019. 官员来源、政绩压力与地方环境治理［J］. 甘肃社会科学（1）：214-222.

翟月玲，2017. 行政决策认同：合法化视角下的困境探究［J］. 湖北社会科学（4）：33-40.

丁煌，2003. 完善政府系统的权能配置是防治我国现阶段政策执行阻滞的关键［J］. 南京社会科学（7）：37-44.

董连胜，朱静波，2012. 象山县打好农村环境综合整治"组合拳"［J］. 新农村（7）：8-10.

杜焱强，等，2016. 社会资本视阈下的农村环境治理研究——以欠发达地区J村养殖污染为个案［J］. 公共管理学报，13（4）：101-112，157-158.

范清宇，2014. 浅谈加强顶层设计与摸着石头过河相结合［J］. 中国行政管理（9）：127.

方然，2009. 地方政府公共政策的利益取向分析——基于四级地方政府的问卷调查［J］. 中国行政管理（1）：119-121.

冯芸，吴冲锋，2013. 中国官员晋升中的经济因素重要吗？［J］. 管理科学学报，16（11）：55-68.

甘甜甜，2018. 社会冲突事件中地方政府部门议程拒绝现象研究［D］. 广东：暨南大学.

高建华，2007. 影响公共政策有效执行之政策目标群体因素分析［J］. 学术论坛（6）：53-57.

高小泉，2014. 我国公共政策评估存在的问题及其完善措施［J］. 人才资源开发（14）：25-27.

高兴武，2008. 公共政策评估：体系与过程［J］. 中国行政管理，272（2）：58-62.

葛世龙，李晗，2020. 农村环境治理绩效审计的作用机制与实施路径［J］. 环境经济研究，5（1）：114-128.

顾冬梅，2012. 关于首批农村环境综合整治“以奖促治”资金项目实施及环境成效评价［J］. 污染防治技术，25（6）：28-31.

郭渐强，彭璐，2014. 重大行政决策方案合法化研究［J］. 湖南师范大学社会科学学报（2）：76-81.

国家秸秆产业联盟，2018. 秸秆纤维地膜当“三减”排头兵［EB/OL］. 秸秆产业搜狐号 . https：//www. sohu. com/a/222369497_99905215.

国家统计局，2010. 第一次全国污染源普查公报［EB/OL］. http：//www. stats. gov. cn/tjsj/tjgb/qttjgb/qgqttjgb/201002/t20100211_30641. html.

国家统计局，2015. 农用塑料薄膜使用量［EB/OL］. http：//data. stats. gov. cn/easyquery. htm？ cn=C01&zb=A0D0E&sj=2015.

国务院办公厅，2014. 国务院办公厅关于改善农村人居环境的指导意见［EB/OL］. http：//www. gov. cn/zhengce/content/2014-05/29/content_8835. htm.

郝海广，乌兰图雅，2011. 基于土地适宜性评估退耕还林还草工程的效果——以科尔沁左翼后旗吉尔嘎朗镇为例［J］. 土壤，43（5）：828-834.

何林璘，2016. 村民质疑环评调查问卷名单造假［EB/OL］. 中国青年报. http：//zqb. cyol. com/html/2016-12/02/nw. D110000zgqnb_20161202_1-03. htm.

贺雪峰，阿古智子，2006. 村干部的动力机制与角色类型——兼谈乡村治理研究中的若干相关话题［J］. 学习与探索（3）：71-76.

洪宇，2014. 中国控烟政策变迁：基于支持联盟框架的分析［J］. 中国卫生政策研究，7（3）：20-26.

洪远朋，等，2006 社会利益关系演进论［M］. 上海：复旦大学出版社 .

胡锦涛，2012. 胡锦涛在中国共产党第十八次全国代表大会上的报告［EB/OL］. https：//www. gov. cn/ldhd/2012-11/17/content_2268826_7. htm.

胡润忠，2013. 美国政治学“政策决定政治”的代表性理论比较［J］. 国外理论动态（2）：30-36.

胡伟，1998. 政府过程［M］. 江苏：浙江人民出版社 .

胡业方，2017. 性别、权力与空间——农村妇女家庭与村庄权力类型研究［J］. 北京社会科学（11）：103-111.

黄安伟，2014. 中国近五分之一耕地污染，南方甚于北方［EB/OL］. 纽约时报. https：//cn. nytimes. com/china/20140418/c18pollute/.

黄大熹，汪小峰，2007. 公共政策合法化过程中的公民参与必要性分析［J］. 求索（8）：54-56.

黄健荣，2005. 论公共管理之本质特征，时代性及其它［J］. 公共管理学报（3）：23-30，92-93.

黄仁宗，2012. 利益分配：政府的基本职能［J］. 山东社会科学（4）：133-137.

黄严忠，2018. 中国式治污：为什么好政策会出错？［J］. 纽约时报. https：//cn. nytimes. com/opinion/20180116/china-environmental-policies-wrong/.

贾文彤，2018. 倡导联盟框架下我国体育政策变迁分析［J］. 四川体育科学，37（2）：4-7，21.

蒋文能，刘典文，2010. 管理、治理与公众参与——限塑令实施一周年案例分析［J］. 学术论坛，33（6）：78-83.

金荣学，张迪，2012. 我国省级政府环境治理支出效率研究［J］. 经济管理（11）.

靳全锋，等，2017. 华东地区 2000—2014 年间秸秆燃烧排放 $PM_{2.5}$ 时空动态变化［J］. 环境科学学报，37（2）：460-468.

经济日报，2020. 李秀香代表：加强农药包装废弃物回收处置 . https：//baijiahao. baidu. com/s？id=1667401384032964885&wfr=spider&for=pc.

老祎，2017. 农村环境综合整治案例分析——以辽宁省盘山县为例［J］. 科技创业月刊，30（4）：9-11.

李递，等，2019. 倡议联盟框架视角下中国扶贫政策变迁研究［J］. 管理观察（15）：38-43.

李帆，等，2018. 公共政策评估的循证进路——实验设计与因果推论［J］. 国家行政学院学报（5）：132-138，191.

李合亮，2011. 意识形态·意识形态控制力·思想政治教育［J］. 马克思主义研究（8）：121-128.

李建华，2009. 公共政策程序正义及其价值［J］. 中国社会科学（1）：64-69.

李金奎，邓志平，1989. 论政治利益［J］. 湖南师范大学社会科学学报（4）：15-19.

李金龙，王英伟，2018. 信仰的变革与回归：倡议联盟框架下中国医疗卫生政策变迁研究［J］. 中国卫生政策研究，11（1）：58-66.

李克强，2008. 切实把农村环保放到更加重要的战略位置［J］. 新华社. https：//www. gov. cn/govweb/ldhd/2008-07/24/content_1055079. htm.

李泞原，2010. 我国公共政策评估存在的问题及其对策［J］. 中国商界（下半月）（7）：254.

李涛，等，2019. 我国大气固定源排放控制政策评估［J］. 干旱区资源与环境，33（4）：9-16.

李涛，等，2019. 我国水污染物排放总量控制政策评估［J］. 干旱区资源与环境，33（8）：92-99.

李伟，2015. 智库如何做好公共政策评估［J］. 新经济导刊（9）：6-9.

李亚平，于海，1998. 第三域的兴起——西方志愿工作及志愿组织理论文选［M］. 上海：复旦大学出版社.

李志军，2016. 重大公共政策评估理论、方法与实践［M］. 北京：中国发展出版社.

李志军，2022. 加快构建中国特色公共政策评估体系［J］. 管理世界，38（12）：84-92.

栗晓红，2011. 社会人口特征与环境关心：基于农村的数据［J］. 中国人口·资源与环境，21（12）：121-128.

梁月静，2015. 环保部：秸秆焚烧是东北重污染主因之一，贡献率 14%～55%［EB/OL］. 澎湃新闻. http：//www. thepaper. cn/newsDetail_forward_1397961_1.

刘善堂，2004. 公共政策合法化及其障碍规避［J］. 新疆社会科学（4）：40-43.

刘伟，2014. 学习借鉴与跟风模仿——基于政策扩散理论的地方政府行为辨析［J］. 国家行政学院学报（1）：34-38.

刘小魏，姚德超，2014. 新公民参与运动背景下地方政府公共决策的困境与挑战——兼论“邻避”情绪及其治理［J］. 武汉大学学报（哲学社会科学版），67（2）：42-47.

罗柳红，张征，2010. 关于环境政策评估的若干思考［J］. 北京林业大学学报（社会科学版），9（1）：123-126.

毛劲歌，刘伟，2008. 公共政策执行中的政府绩效评估探析［J］. 湖南大学学报（社会科学版），22（5）：68-71.

苗红娜，2014. 政府质量评价与社会信任：基于一项全国样本的实证研究［J］. 江苏社会科学（5）：105-112.

宁骚，2018. 公共政策学［M］. 北京：高等教育出版社.

农业农村部，2017. 农业部关于印发《农膜回收行动方案》的通知［EB/OL］. http：//www. moa. gov. cn/nybgb/2017/dlq/201712/t20171231_6133712. htm.

潘孝珍，2013. 中国地方政府环境保护支出的效率分析［J］. 中国人口·资源与环境，23（11）：61-65.

裴泽庆，2009. 略论党内民主的决策功能释放——基于人格化权力结构视角的分析［J］. 理论探讨，151（6）：108-111.

彭勃，张振洋，2015. 公共政策失败问题研究——基于利益平衡和政策支持度的分析［J］. 国家行政学院学报（1）：63-68.

齐贺，文松辉，2013. 人民日报：干头与奔头，如何拓展［EB/OL］. 人民日报. http：//dangjian. people. com. cn/n/2013/0709/c117092-22125540. html.

乔坤元，2013. 我国官员晋升锦标赛机制的再考察——来自省、市两级政府的证据［J］. 财经研究，39（4）：123-133.

区耀荣，蒋敏娟，2015. 当代中国公共政策科学化面临的问题、挑战与改革途径探析［J］. 行政论坛（1）：63-67.

任勤，2008. 公平的公共政策是利益整合的关键［J］. 四川大学学报（哲学社会科学版）（6）：42-46.

萨巴蒂尔，2004. 政策过程理论［M］. 北京：生活·读书·新知三联书店.

沈念祖，2013. 官员晋级：你今年多大［J］. 领导文萃（4）：76-78.

生态环境部，2009. 中央农村环保专项资金环境综合整治项目申报指南（试行）［EB/OL］. http：//gcs. mep. gov. cn/zybz/nongcun/200905/t20090506_151232. shtml.

生态环境部，2010a. 关于深化“以奖促治”工作促进农村生态文明建设的指导意见［EB/OL］. https：//www. mee. gov. cn/gkml/hbb/bwj/201209/t20120907_235883. htm.

生态环境部，2010b. 农村环境综合整治“以奖促治”项目环境成效评估办法（试行）［EB/OL］. http：//sthjt. hunan. gov. cn/sthjt/xxgk/zdly/wrfz/nchjzz/201112/t20111212_4666001. html.

生态环境部，2012a.《畜禽养殖污染防治项目建设与投资技术指南》编制说明（征求意见稿）［EB/OL］. http：//www. zhb. gov. cn/gkml/hbb/bgth/201204/t20120428_226972. htm.

生态环境部，2012b. 农村生活垃圾分类、收运和处理项目建设与投资技术指南（征求意见稿）［EB/OL］. http：//www. mee. gov. cn/gkml/hbb/bgth/201204/W020120428335688505108. pdf.

生态环境部，2012c.《农村生活垃圾分类、收运和处理项目建设与投资技术指南（试行）》编制说明（征求意见稿）［EB/OL］. http：//www. zhb. gov. cn/gkml/hbb/bgth/201204/t20120428_226972. htm.

生态环境部，2012d.《农村生活污水处理项目建设与投资技术指南》（征求意见稿）编制说明［EB/OL］. http：//www. mee. gov. cn/gkml/hbb/bgth/201204/W020120428335688455624. pdf.

生态环境部，2012e. 农村生活污水处理项目建设与投资技术指南［EB/OL］. http：//www. mee. gov. cn/gkml/hbb/bgth/201204/W020120428335688468555. pdf.

生态环境部，2014. 农村环境质量综合评估技术指南（征求意见稿）［EB/OL］. http：//www. zhb. gov. cn/gkml/hbb/bgth/201406/t20140626_277459. htm.

生态环境部，2016. 全国农村环境综合整治“十三五”规划［EB/OL］. http：//www. caep. org. cn/zclm/stynchjghb/zxdt_21836/201702/W020180921437747225647. pdf.

生态环境部，2019. 农村环境综合整治成效明显，完成77%目标任务［EB/OL］. http：//www. chinanews. com/gn/2019/11-29/9020495. shtml.

盛宇华，1998. “摸着石头过河”：一种有效的非程序化决策模式［J］. 领导科学（6）：11-12.

宋冰，严浩泽，2011. 化工围城中的各地PX冲动［EB/OL］. 第一财经日报. http：//www. yicai. com/news/1011461. html.

宋国君，2008. 环境政策分析［M］. 北京：化学工业出版社.

宋国君，等，2003. 环境政策评估及对中国环境保护的意义［J］. 环境保护（12）：34-37.

孙伟增，等，2014. 环保考核、地方官员晋升与环境治理——基于2004—2009年中国86个重点城市的经验证据［J］. 清华大学学报（哲学社会科学版），29（4）：49-62.

孙悦，麻宝斌，2013. 公共政策正义性评估的理念与方法［J］. 吉林大学社会科学学报，53（4）：115-121.

孙珠峰，胡伟，2012. 中国党政官员学历变化和代际更迭研究［J］. 学术界（3）：36-46.

陶然，等，2010. 经济增长能够带来晋升吗？——对晋升锦标竞赛理论的逻辑挑战与省级实证重估［J］. 管理世界（12）：13-26.

汪锦军，2014. 纵向政府权力结构与社会治理：中国“政府与社会”关系的一个分析路径［J］. 浙江社会科学（9）：122，128-139，160-161.

王初升，等，2010. 红树林海岸围填海适宜性的评估［J］. 亚热带资源与环境学报，5（1）：62-67.

王德禄，刘志光，1990. 中国现代思想中的专家治国论［J］. 自然辩证法通讯，12（2）：27-33，26.

王冬妮，陈鹏，2006. 西部农村“两免一补”政策实施中的问题及对策［J］. 社科纵横，21（11）：3-4.

王飞，2019. 项目式协调：政府内部平级部门间合作发生的制度逻辑［J］. 北京社会科学（2）：111-119.

王凤，2008. 公众参与环保行为影响因素的实证研究［J］. 中国人口·资源与环境，18（6）：30-35.

王凤，阴丹，2010. 公众环境行为改变与环境政策的影响：一个实证研究［J］. 经济管理，32（12）：158-164.

王国华，武晗，2019. 从压力回应到构建共识：焦点事件的政策议程触发机制研究——基于54个焦点事件的定性比较分析［J］. 公共管理学报，16（4）：36-47，170.

王红梅，王振杰，2016. 环境治理政策工具比较和选择——以北京 $PM_{2.5}$ 治理为例［J］. 中国行政管理（8）：126-131.

王建容，2006. 我国公共政策评估存在的问题及其改进［J］. 行政论坛，74（2）：40-43.

王璐，等，2014. 美国环境政策评估理论与实践研究［J］. 未来与发展（7）：46-52.

王洛忠，李奕璇，2016. 信仰与行动：新媒体时代草根NGO的政策倡导分析——基于倡导联盟框架的个案研究［J］. 中国行政管理（6）：40-46.

王宁，2014. 住房城乡建设部副部长王宁在全国农村生活垃圾治理工作电视电话会议上的讲话［EB/OL］. http：//www. mohurd. gov. cn/jsbfld/201411/t20141128_219653. html.

王强，2012. PX背后的隐秘逻辑［EB/OL］. 纽约时报 . https：//cn. nytimes. com/china/20121105/cc05wangqiang/.

王绍光，2006. 中国公共政策议程设置的模式［J］. 中国社会科学（5）：86-99，207.

王曙光，张胜康，2004. 亚文化群体行为改变实证研究——关于男—男人群艾滋病教育的行为干预［J］. 新疆社会科学（4）：59-66.

王锡锌，2008. 依法行政的合法化逻辑及其现实情境［J］. 中国法学（5）：63-76.

王锡锌，章永乐，2010. 我国行政决策模式之转型——从管理主义模式到参与式治理模式［J］. 法商研究（5）：3-12.

韦建华，2015. 楚雄市农村环境综合整治初见成效 [J]. 云南农业 (1)：17.

文莉，2006. 公共政策中公众消极参与现象探析 [J]. 行政论坛 (2)：44-46.

吴春华，等，2013. 基于最小阻力模型阜新市城市及农村居民点适宜性评价研究 [J]. 资源科学，35 (12)：2405-2411.

吴建南，马亮，2009. 政府绩效与官员晋升研究综述 [J]. 公共行政评论 (2)：172-196.

吴伟，2012. 我国女官员格局现状：在最高层和基层比例很低 [EB/OL]. 中国新闻网. https：//www. chinanews. com/gn/2012/03-08/3726788. shtml.

习近平，2017. 决胜全面建成小康社会夺取新时代中国特色社会主义伟大胜利——在中国共产党第十九次全国代表大会上的报告 [EB/OL]. https：//www. gov. cn/zhuanti/2017-10/27/content_5234876. htm.

谢明，张书连，2015. 试论政策评估的焦点及其标准 [J]. 北京行政学院学报 (3)：75-80.

忻林，2000. 布坎南的政府失败理论及其对我国政府改革的启示 [J]. 政治学研究 (3)：86-94.

新华社，2015. 中华人民共和国国民经济和社会发展第十三个五年规划纲要 [EB/OL]. https：//www. gov. cn/xinwen/2016-03/17/content_5054992. htm.

徐干，陈海林，2018. 公共选择视阈下地方政府官员行为：动机、模式与治理：一个文献分析的框架 [J]. 湖北行政学院学报 (6)：70-77.

徐占军，等，2013. 深圳市房屋征收评估与安置补偿调查分析与政策建议 [J]. 广东土地科学，12 (5)：6-10.

许跃辉，等，2010. 政府在促进地方经济发展中的决策机制探索 [J]. 经济问题探索 (5)：166-171.

闫云霞，等，2012. 模块化的水污染防治政策评估模式探讨 [J]. 中国人口·资源与环境，22 (11)：106-111.

杨杰，2016. 冲突与协调：政策制定中政府议程与公众议程关系论析 [J]. 商 (24)：65.

杨婕敏，2013. 公众议程与政府议程良性互动机制研究 [D]. 长沙：湖南大学.

杨其静，郑楠，2014. 地方领导晋升竞争是标尺赛、锦标赛还是资格赛 [J]. 世界经济 (1)：38-39.

姚德超，刘筱红，2014. 邻避现象及其治理［J］. 城市问题（4）：2-8.

叶大凤，唐娅玲，2017. 西方发达国家环境政策的经验及其启示［J］. 中南林业科技大学学报（社会科学版），11（6）：14-17，38.

叶前，等，2014. 地方政府举债招商未必有好果子吃［EB/OL］. 经济参考报. http：//dz. jjckb. cn/www/pages/webpage2009/html/2014-08/05/content_93822. htm？ div=-1.

叶响裙，2014. 论政策执行中目标群体的策略行为［J］. 华东经济管理，28（7）：114-117，171.

于永海，等，2011. 围填海适宜性评估方法研究［J］. 海洋通报，30（1）：81-87.

余科杰，2007. 论政党意识形态结构特征及其功能作用［J］. 新视野（5）：83-86.

余绪鹏，2014. 我国党政干部晋升的五种模式［J］. 云南社会科学（5）：17-21.

余玉花，2007. 公共政策的价值之维及其构成原则［J］. 华东师范大学学报（哲学社会科学版），39（3）：95-100.

袁明旭，2011. 政治稳定与公共政策的相关性分析［J］. 云南行政学院学报（6）：10-13.

袁明旭，2014. 政治稳定的公共政策悖论解析［J］. 云南行政学院学报（1）：4-10.

曾润喜，朱利平，2016. 政策议程互动过程中的公民网络参与及合作解［J］. 国际新闻界，38（6）：110-128.

张华，唐珏，2019. 官员变更与雾霾污染——来自地级市的证据［J］. 上海财经大学学报，21（5）：110-125.

张金马，1992. 政策科学导论［M］. 北京：中国人民大学出版社.

张亮亮，2014. 顶层设计：基于全面深化改革的方法优化［J］. 中国特色社会主义研究（3）：59-63.

张璐，谭刚，2014. 公共政策执行中目标群体与执行部门的利益博弈分析［J］. 中共南京市委党校学报（6）：43-46.

张楠，卢洪友，2016. 官员垂直交流与环境治理——来自中国109个城市市委书记（市长）的经验证据［J］. 公共管理学报，13（1）：31-43.

张乾友，2016. 朝向实验主义的治理——社会治理演进的公共行政意蕴［J］. 中国行政管理（8）：86-91.

张文彬，李国平，2014. 环境保护与经济发展的利益冲突分析——基于各级政府博弈视角［J］. 中国经济问题（6）：16-25.

章文光，宋斌斌，2018. 从国家创新型城市试点看中国实验主义治理［J］. 中国行政管理（12）：89-95.

赵华勤，等，2013. 城乡统筹规划：政策支持与制度创新［J］. 城市规划学刊（1）：23-28.

赵晖，2004. 社会秩序供给：政府基本职能的学理分析［J］. 湖南社会科学（6）：42-45.

赵静，等，2013. 地方政府的角色原型、利益选择和行为差异：一项基于政策过程研究的地方政府理论［J］. 管理世界（2）：90-106.

赵志华，吴建南，2019. 大气污染协同治理能促进污染物减排吗？——基于城市的三重差分研究［J］. 管理评论，31（12）：87-96.

中共中央办公厅，国务院办公厅，2015. 关于加强中国特色新型智库建设的意见［EB/OL］. https：//www. gov. cn/govweb/xinwen/2015-01/20/content_2807126. htm.

中国共产党中央委员会，2019. 党政领导干部选拔任用工作条例［EB/OL］. 新华社. https：//www. gov. cn/zhengce/2019-03/17/content_5374532. htm

中国人大网，2013. 什么是人民代表大会，都有哪些职权？［EB/OL］. http：//www. npc. gov. cn/npc/sjb/2013-02/19/content_1755080. htm

中华人民共和国住房和城乡建设部，2017. 中国城乡建设统计年鉴［EB/OL］. http：//www. mohurd. gov. cn/xytj/tjzljsxytjgb/

钟海，2018. 权宜性执行：村级组织政策执行与权力运作策略的逻辑分析——以陕南L贫困村精准扶贫政策执行为例［J］. 中国农村观察（2）：97-112.

周黎安，2007. 中国地方官员的晋升锦标赛模式研究［J］. 经济研究（7）：36-50.

周黎安，等，2005. 相对绩效考核：中国地方官员晋升机制的一项经验研究［J］. 经济学报（1）：83-96.

周泰来，等，2017. 京津冀大督查：钦差很忙基层紧张［EB/OL］. 财新. https：//china. caixin. com/2017-09-01/101138863. html

周鑫，等，2019. 议2016—2017年贵州省农村环境综合整治工作［J］. 环境与发展，31（1）：199，201.

周雪光，2008. 基层政府间的“共谋现象”：一个政府行为的制度逻辑［J］. 社会学研究（12）：40-55.

朱广忠，朴林，2001. 影响地方政府有效执行中央政策的因素分析［J］. 理论探讨

(2)：50-53.

朱旭峰，田君，2008. 知识与中国公共政策的议程设置：一个实证研究［J］. 中国行政管理（6）：107-113.

住房和城乡建设部，2015. 住房城乡建设部等部门关于全面推进农村垃圾治理的指导意见［EB/OL］. http：//www. mohurd. gov. cn/wjfb/201511/t20151113_225575. html.

Aksoy D，2010. “It takes a coalition”：Coalition potential and legislative decision making［J］. Legislative Studies Quarterly，35（4）：519-542.

Alkin M C，2012. Evaluation roots：A wider perspective of theorists' views and influences［M］. London：SAGE Publications.

Anders H，2003. Public policy and legitimacy：A historical policy analysis of the interplay of public policy and legitimacy［J］. Policy Sciences，36（3/4）：257-278.

Anderson J E，2003. Public policymaking：An introduction［M］. Boston：Houghton Mifflin Company.

Annison H，2019. Transforming rehabilitation as “policy disaster”：Unbalanced policy-making and probation reform［J］. Probation Journal，66（1）：43-59.

Ascher W，2000. Understanding why government in developing countries waste natural resources［J］. Environment：Science and Policy for Sustainable Development，42（2）：8-18.

Aspinall R W，2006. Using the paradigm of “small cultures” to explain policy failure in the case of foreign language education in Japan［Z］. Paper presented at the Japan Forum.

Babbie R，2015. The practice of social research［M］. Stanford：Cengage Learning.

Bai C-E，et al.，2014. Crony capitalism with Chinese characteristics［Z］. University of Chicago，working paper.

Baldwin D A，2000. Success and failure in foreign policy［J］. Annual Review of Political Science，3（1）：167-182.

Baldwin E，2019. Exploring how institutional arrangements shape stakeholder influence on policy decisions：A comparative analysis in the energy sector［J］. Public Administration Review，79（2）：246-255.

Baumgartner F R，Jones B D，2010. Agendas and instability in American politics［M］. Chicago：University of Chicago Press.

Baxter P, Jack S, 2008. Qualitative case study methodology: Study design and implementation for novice researchers [J]. The Qualitative Report, 13 (4): 544-559.

Birkland T A, 1997. Factors inhibiting a national hurricane policy [J]. Coastal Management, 25 (4): 387-403.

Bo Z, 2002. Chinese provincial leaders: Economic performance and political mobility since 1949 [M]. Armonk: M. E. Sharpe.

Boin A, et al., 2008. Governing after crisis: The politics of investigation, accountability and learning [M]. Cambridge: Cambridge University Press.

Bourblanc M, Anseeuw W, 2019. Explaining South Africa's land reform policy failure through its instruments: The emergence of inclusive agricultural business models [J]. Journal of Contemporary African Studies, 37 (2-3): 191-207.

Bovens M, et al., 1996. Understanding policy fiascos [J]. Public Administration-Abingdon, 74 (3): 552-552.

Bovens M, et al., 2001. Success and failure in public governance: A comparative analysis [M]. Vilnius: Edward Elgar Publishing.

Bovens M, Hart P, 2016. Revisiting the study of policy failures [J]. Journal of European Public Policy, 23 (5): 653-666.

Box R C, 1997. Citizen governance: Leading American communities into the 21st century [M]. London: SAGE Publications.

Boyne G A, 2003. What is public service improvement? [J]. Public Administration, 81 (2): 211-227.

Boyne G, et al., 2008. Executive succession in English local government [J]. Public Money and Management, 28 (5): 267-274.

Bradsher K, 2017. Moody's downgrades China over worries about its growing debt [EB/OL]. New York Times. https://cn.nytimes.com/business/20170525/moodys-downgrades-china-economy-debt/dual/

Bricki N, Green J, 2007. A guide to using qualitative research methodology [EB/OL]. http://hdl.handle.net/10144/84230.

Brody R A, Shapiro C R, 1989. Policy failure and public support: The Iran-contra affair and public assessment of president reagan [J]. Political Behavior, 11 (4): 353-369.

Brombal D, et al., 2017. Evaluating public participation in Chinese EIA: An integrated public participation index and its application to the case of the new Beijing airport [J]. Environmental Impact Assessment Review, 62, 49-60.

Bryson J, et al., 2013. Designing public participation processes [J]. Public Administration Review, 73 (1): 23.

Butler D, et al., 1994. Failure in British government: The politics of the poll tax [M]. Oxford: Oxford University Press.

Cai Y, Aoyama Y, 2018. Fragmented authorities, institutional misalignments, and challenges to renewable energy transition: A case study of wind power curtailment in China [J]. Energy Research & Social Science, 41, 71-79.

Cairney P, 2011. Understanding public policy: Theories and issues [M]. New York: Palgrave Macmillan.

Chan A, 2006. The Chinese concepts of Guanxi, Mianzi, Renqing, and Bao: Their interrelationships and implications for international business [C]. Paper presented at the Australian and New Zealand Marketing Academy conference.

Charmaz K, 2006. Constructing grounded theory: A practical guide through qualitative research [M]. London: Sage Publications.

Cheang M, 2017. "Toilet revolution": China has its sight set on reforming its bathrooms [EB/OL]. CNBC. https://www.cnbc.com/2017/11/28/chinas-toilet-revolution-will-give-domestic-tourism-boost-xi-says.html.

Chen D, 2016. Review essay: The safety valve analogy in chinese politics [J]. Journal of East Asian Studies, 16 (2): 281-294.

Chen X, et al., 2011. Effects of attitudinal and sociodemographic factors on pro-environmental behaviour in urban China [J]. Environmental Conservation, 38 (1): 45-52.

Chow K W, 1988. The management of Chinese cadre resources: The politics of performance appraisal (1949-84) [J]. International Review of Administrative Sciences, 54 (3): 359-377.

Clark J K, 2018. Designing public participation: Managing problem settings and social equity [J]. Public Administration Review, 78 (3): 362-374.

Cohen R S, Wartofsky M W, 1963. Boston studies in the philosophy of science [M]. New York: Springer.

Cook K S, Hegtvedt K A, 1983. Distributive justice, equity, and equality [J]. Annual review of sociology, 9 (1): 217-241.

Creswell J W, 2014. Research design: Qualitative, quantitative, and mixed methods approaches [M]. London: SAGE Publications.

Dahlberg S, et al., 2020. The quality of government basic dataset, version jan20 [Data file and code book] [EB/OL]. http://www.qog.pol.gu.se.

Davidson M, 2020. Going bust two ways? Epistemic communities and the study of urban policy failure [J]. Urban Geography, 41 (9): 1119-1138.

Deniston O L, et al., 1968. Evaluation of program efficiency [J]. Public Health Reports, 83 (7): 603-610.

Denzin N K, Lincoln Y S, 2017. The SAGE Handbook of Qualitative Research [M]. London: SAGE Publications.

Department of the Prime Minister and Cabinet, 2017. Policy quality framework [EB/OL]. https://dpmc.govt.nz/sites/default/files/2017-05/policy-quality-framework-development-insights-and-applications.pdf.

Dobson A, 2007. Environmental citizenship: Towards sustainable development [J]. Sustainable Development, 15 (5): 276-285.

Downs A, 2005. An economic theory of democracy [M]. China: Shanghai People's Press.

Dunn W N, 2003. Public policy analysis: An introduction [M]. 3rd Edition. Upper Saddle River: Pearson Prentice Hall.

Ei-Jardali F, et al., 2014. A retrospective health policy analysis of the development and implementation of the voluntary health insurance system in Lebanon: Learning from failure [J]. Social Science & Medicine, 123: 45-54.

European Environment Agency, 2001. Reporting on environmental measures: Are we being effective? [EB/OL]. https://www.eea.europa.eu/publications/rem/issue25.pdf.

Fan J P, et al., 2011. Corporate finance and governance in emerging markets: A selective review and an agenda for future research [J]. Journal of Corporate Finance, 17 (2): 207-214.

Fischer F, Miller G J, 2007. Handbook of public policy analysis : Theory, politics, and methods [M]. London; New York: Routledge.

Flick U, 2004. A companion to qualitative research [M]. London: SAGE Publications.

Flick U, 2009. An introduction to qualitative research [M]. London: SAGE Publications.

Fung A, 2006. Varieties of participation in complex governance [J]. Public Administration Review, 66: 66-75.

Fung A, 2015. Putting the public back into governance: The challenges of citizen participation and its future [J]. Public Administration Review, 75 (4): 513-522.

Gamson W A, 1961. A theory of coalition formation [J]. American Sociological Review, 26 (3): 373-382.

Grant W, 2009. Intractable policy failure: The case of bovine TB and badgers [J]. The British Journal of Politics & International Relations, 11 (4): 557-573.

Gray C, 2011. Review of the book Understanding policy success: Rethinking public policy, by Allan McConnell [J]. Cultural Trends, 20 (2): 223-224.

Hall B H, 1993. R&D tax policy during the 1980s: Success or failure? [J]. Tax Policy and the Economy, 7: 1-35.

Hall C M, 2011. Policy learning and policy failure in sustainable tourism governance: From first-and second-order to third-order change? [J]. Journal of Sustainable Tourism, 19 (4-5): 649-671.

Hargreaves T, 2011. Practice-ing behaviour change: Applying social practice theory to pro-environmental behaviour change [J]. Journal of Consumer Culture, 11 (1): 79-99.

Harris P G, 2006. Environmental perspectives and behavior in China: Synopsis and bibliography [J]. Environment and Behavior, 38 (1): 5-21.

Heberer T, Senz, A, 2011. Streamlining local behaviour through communication, incentives and control: A case study of local environmental policies in China [J]. Journal of Current Chinese Affairs, 40 (3): 77-112.

Heilmann S, 2017. China's political system [M]. Washington D C: Rowman & Littlefield.

Ho D Y-F, 1976. On the concept of face [J]. American Journal of Sociology, 81 (4): 867-884.

Hofman-Bergholm M, 2018. Changes in thoughts and actions as requirements for a sustainable future: A review of recent research on the Finnish educational system and sustainable development [J]. Journal of Teacher Education for Sustainability, 20 (2): 19-30.

Hood C, 2002. The risk game and the blame game [J]. Government and Opposition, 37 (1): 15-37.

Hood C, 2007. What happens when transparency meets blame-avoidance? [J]. Public Management Review, 9 (2): 191-210.

Hood C, 2010. The blame game: Spin, bureaucracy, and self-preservation in government [M]. Princeton: Princeton University Press.

Horsley J P, 2009. Public participation in the People's Republic: Developing a more participatory governance model in China [J]. Retrieved July, 30: 1-19.

Howes M, et al., 2017. Environmental sustainability: A case of policy implementation failure? [J]. Sustainability, 9 (2): 165.

Howlett M, 2012. The lessons of failure: Learning and blame avoidance in public policy-making [J]. International Political Science Review, 33 (5): 539-555.

Howlett M, et al., 2015. Understanding the persistence of policy failures: The role of politics, governance and uncertainty [J]. Public Policy and Administration, 30 (3-4): 209-220.

Hu H C, 1944. The Chinese concepts of "face" [J]. American Anthropologist, 46 (1): 45-64.

Huang Y, 2002. Managing Chinese bureaucrats: An institutional economics perspective [J]. Political Studies, 50 (1): 61-79.

Hulme D, Moore K, 2007. Why has microfinance been a policy success in Bangladesh? [M] // Development Success. New York: Springer: 105-139.

Hwang K-K, 1987. Face and favor: The Chinese power game [J]. American Journal of Sociology, 92 (4): 944-974.

Jacobs J B, 1979. A preliminary model of particularistic ties in Chinese political alliances: Kan-ch'ing and Kuan-hsi in a rural Taiwanese township [J]. The China Quarterly, 78: 237-273.

Jia R, 2017. Pollution for promotion [EB/OL]. http://www.parisschoolofeconomics.eu/docs/ydepot/semin/texte1213/POL2013RUI.pdf.

Johnson I, 2017. How the communist party guided China to success [EB/OL]. New York Times. https: //cn. nytimes. com/china/20170223/china-politics-xi-jinping/en-us/.

Jones B D, Baumgartner F R, 2005. The politics of attention: How government prioritizes problems [M]. Chicago: University of Chicago Press.

Jøsang A, et al., 2007. A survey of trust and reputation systems for online service provision [J]. Decision Support Systems, 43 (2): 618-644.

Kane M, 2003. Social movement policy success: Decriminalizing state sodomy laws, 1969-1998 [J]. Mobilization: An International Quarterly, 8 (3): 313-334.

Khalilian S, et al., 2010. Designed for failure: A critique of the Common Fisheries Policy of the European Union [J]. Marine Policy, 34 (6): 1178-1182.

King A, 1980. An analysis of "renqing" in interpersonal relationships: A preliminary inquiry [C]. Paper presented at the Proceedings of the International Conference on Sinology.

King F H, 2004. Farmers of forty centuries-Permanent farming in China, Korea, and Japan [M]. New York: Dover Publications.

King T, 1999. Human rights in European foreign policy: success or failure for post-modern diplomacy? [J] . European Journal of International Law, 10 (2): 313-337.

King Y-C, Myers J T, 1977. Shame as an incomplete conception of Chinese culture: A study of face [Z]. Chinese University of Hong Kong, Social Research Center.

Ku H B, 2003. Moral politics in a south Chinese village: Responsibility, reciprocity, and resistance [M]. Washington D C: Rowman & Littlefield Publishers.

Kulaç O, Özgür H, 2017. An overview of the stages (heuristics) model as a public policy analysis framework [J]. European Scientific Journal, 13: 144-157.

Landry P F, 2005. The political management of mayors in post-Deng China [J]. Copenhagen Journal of Asian Studies, 17 (17): 31-58.

Lawrence S, Martin M F, 2012. Understanding China's political system [Z]. Congressional Research Service.

Lemire S, et al, 2020. The growth of the evaluation tree in the policy analysis forest: Recent developments in evaluation [J]. Policy Studies Journal, 48 (S1): 47-70.

Lieberthal K G, Lampton D M, 2018. Bureaucracy, politics, and decision making in post-

Mao China [M]. California: University of California Press.

Lipsky M, 2010. Street-level bureaucracy, 30th ann. Ed. : Dilemmas of the individual in public service [Z]. Russell Sage Foundation.

Liu A P, 1982. Problems in communications in China's modernization [J]. Asian Survey: 481-499.

Lofland J, Lofland L H, 2006. Analyzing social settings [M]. Belmont: Wadsworth Publishing Company.

Luk S C Y, 2009. The impact of leadership and stakeholders on the success/failure of e-government service: Using the case study of e-stamping service in Hong Kong [J]. Government Information Quarterly, 26 (4): 594-604.

March J G, 1988. Decisions and organizations [M]. Oxford: Basil Blackwell.

Mark B, Paul T H, 2016. Revisiting the study of policy failures [J]. Journal of European Public Policy, 23 (5): 653-666.

Marsh D, McConnell A, 2010. Towards a framework for establishing policy success [J]. Public Administration, 88 (2): 564-583.

Massey D S, 2013. America's immigration policy fiasco: Learning from past mistakes [J]. Daedalus, 142 (3): 5-15.

May P J, 1992. Policy learning and failure [J]. Journal of Public Policy, 12 (4): 331-354.

McConnell A, 2010a. Policy success, policy failure and grey areas in-between [J]. Journal of Public Policy, 30 (3): 345-362.

McConnell A, 2010b. Understanding policy success: Rethinking public policy [M]. London: Macmillan International Higher Education.

McConnell A, 2014. Why do policies fail? A starting point for exploration [C]. Paper presented at the 64th International Conference, Political Studies Association (PSA), Manchester.

McConnell A, 2015. What is policy failure? A primer to help navigate the maze [J]. Public Policy and Administration, 30 (3-4): 221-242.

McConnell A, 2016. A public policy approach to understanding the nature and causes of foreign policy failure [J]. Journal of European Public Policy, 23 (5): 667-684.

Milstein B, Wetterhall S F, 1999. Framework for program evaluation in public health [EB/

OL]. https: //www. cdc. gov/mmwr/PDF/rr/rr4811. pdf.

Mitchell D, Massoud T G, 2009. Anatomy of failure: Bush' s decision-making process and the Iraq war [J]. Foreign Policy Analysis, 5 (3): 265-286.

Moore S T, 1987. The theory of street-level bureaucracy: A positive critique [J]. Administration & Society, 19 (1): 74-94.

Moore S T, 1990. Street-level policymaking: Characteristics of decision and policy in public welfare [J]. The American Review of Public Administration, 20 (3): 191-209.

Nabatchi T, 2012. Putting the "public" back in public values research: Designing participation to identify and respond to values [J]. Public Administration Review, 72 (5): 699-708.

Nagel S, 2002. Handbook of public policy evaluation [M]. London: SAGE Publications

National Center for Environmental Economics Office of Policy, 2010. Guidelines for preparing economic analyses [EB/OL]. https: //www. epa. gov/environmental-economics/guidelines-preparing-economic-analyses.

Naughton B, 2012. Leadership transition and the "top-level design" of economic reform [EB/OL]. https: //www. hoover. org/sites/default/files/uploads/documents/CLM37BN. pdf.

Nelson D, Yackee S W, 2012. Lobbying coalitions and government policy change: An analysis of federal agency rulemaking [J]. The Journal of Politics, 74 (2): 339-353.

OECD Development Assistance Committee, 1991. Principles for evaluation of development assistance [EB/OL]. https: //www. oecd. org/dac/evaluation/daccriteriaforevaluatingdevelopmentassistance. htm.

OECD, 2008. Introductory handbook for undertaking regulatory impact analysis (RIA) [EB/OL]. http: //www. oecd. org/gov/regulatory-policy/ria. htm.

Opper S, Brehm S, 2007. Networks versus performance: Political leadership promotion in China [Z]. Department of Economics, Lund University.

Ostrom E, 2005. Understanding institutional diversity [M]. Princeton: Princeton University Press.

Patton C, et al., 2015. Basic methods of policy analysis and planning [M]. London: Taylor & Francis.

Patton M Q, 2014. Qualitative research & evaluation methods: Integrating theory and practice [M]. London: SAGE Publications.

Paul C, 2012. Complexity theory in political science and public policy [J]. Political Studies Review, 10 (3): 346-358.

Payne D C, 2000. Policy-making in nested institutions: Explaining the conservation failure of the EU's common fisheries policy [J]. Journal of Common Market Studies, 38 (2): 303-324.

Pearce D, 1998. Cost benefit analysis and environmental policy [J]. Oxford Review of Economic Policy, 14 (4): 84-100.

Pestoff V, et al., 2013. New public governance, the third sector, and co-production [M]. London; New York: Routledge.

Peters B G, 2015. State failure, governance failure and policy failure: Exploring the linkages [J]. Public Policy and Administration, 30 (3-4): 261-276.

Peters B G, Zhao Y, 2017. Local policy-making process in China: A case study [J]. Journal of Chinese Governance, 2 (2): 127-148.

Pierre J, Peters B G, 2000. Governance, politics, and the state [M]. New York: St. Martin's Press.

Pierson P, 2000. Increasing returns, path dependence, and the study of politics [J]. American Political Science Review, 94 (2): 251-267.

Pines J, 1994. Assessing germany's resistance to hitler's holocaust [EB/OL]. Inforamtion Bulletin. https://www.loc.gov/loc/lcib/94/9416/resist.html.

Platzer C, et al., 2008. Alternatives to waterborne sanitation - a comparative study - limits and potentials [C]. Paper presented at the IRC Symposium: Sanitation for the Urban Poor.

Poister T H, 1978. Public program analysis: Applied research methods [M]. Oxford: University Park Press.

Reed M S, et al., 2006. An adaptive learning process for developing and applying sustainability indicators with local communities [J]. Ecological Economics, 59 (4): 406-418.

Rhodes R A W, 1996. The new governance: Governing without government [J]. Political Studies, 44 (4): 652-667.

Rhodes R A W, 1997. Understanding governance: Policy networks, governance, reflexivity and accountability [M]. Berkshire: Open University Press.

Richardson J, Rittberger B, 2020. Brexit: Simply an omnishambles or a major policy fiasco?

[J]. Journal of European Public Policy, 27 (5): 649-665.

Riker W H, 1962. The theory of political coalitions [M]. Haven: Yale University Press.

Ritchie J, et al., 2013. Qualitative research practice: A guide for social science students and researchers [M]. London: SAGE Publications.

Rothstein B, 2011. The quality of government: Corruption, social trust, and inequality in international perspective [M]. Chicago: University of Chicago Press.

Rutter J, et al., 2012. The "s" factors: Lessons from IFG's policy success reunions [EB/OL]. https://www.instituteforgovernment.org.uk/sites/default/files/publications/The%20S%20Factors.pdf.

Sabatier P A, 1991. Toward better theories of the policy process [J]. Political Science & Politics, 24 (2): 147-156.

Sabatier P A, Jenkins-Smith H C, 1993. Policy change and learning: An advocacy coalition approach [M]. Boulder: Westview Press.

Sabatier P, Mazmanian D, 1980. The implementation of public policy: A framework of analysis [J]. Policy Studies Journal, 8 (4): 538-560.

Saich A, 2004. Governance and politics of China [M]. 2nd edition. New York: Palgrave Macmillan.

Samuelson P A, Nordhaus W D, 2009. Economics [M]. 19th international edition. New York: McGraw-Hill Education.

Schermann K, Ennser-Jedenastik L, 2014. Coalition policy-making under constraints: Examining the role of preferences and institutions [J]. West European Politics, 37 (3): 564-583.

Schneider F, Volkert J, 1999. No chance for incentive-oriented environmental policies in representative democracies? A public choice analysis [J]. Ecological Economics, 31 (1): 123-138.

Scott P G, 1997. Assessing determinants of bureaucratic discretion: An experiment in street-level decision making [J]. Journal of Public Administration Research and Theory, 7 (1): 35-58.

Shaw G B, et al., 1848. Reports of cases argued and determined in the supreme court of the state of vermont: Reported by the judges of said court, agreeably to a statute law of the state [Z].

Shi S J, 2014. Changing politics of social policy in China: Blame avoidance and credit claiming in an adaptive authoritarian state [C]. Paper presented at the XVIII ISA World Congress of Sociology (July 13-19, 2014).

Simões F D, 2016. Consumer behavior and sustainable development in China: The role of behavioral sciences in environmental policymaking [J]. Sustainability, 8 (9): 897.

Soderholm P, 2013. Environmental policy and household behaviour: Sustainability and everyday life [M]. London: Taylor & Francis.

Stronks K, et al., 2006. Learning from policy failure and failing to learn from policy [J]. European Journal of Public Health, 16 (4): 343-344.

Svallfors S, 2013. Government quality, egalitarianism, and attitudes to taxes and social spending: A European comparison [J]. European Political Science Review, 5 (3): 363-380.

Teorell J, 2009. The impact of quality of government as impartiality: Theory and evidence [C]. Paper presented at the APSA 2009 Toronto Meeting Paper, Toronto.

Tilley E, 2014. Compendium of sanitation systems and technologies [M]. EAWAG.

Tong A, et al., 2007. Consolidated criteria for reporting qualitative research (COREQ): A 32-item checklist for interviews and focus groups [J]. International Journal for Quality in Health Care, 19 (6): 349-357.

Tseng J C, et al., 2008. Development of an adaptive learning system with two sources of personalization information [J]. Computers & Education, 51 (2): 776-786.

Tyre M J, Von Hippel E, 1997. The situated nature of adaptive learning in organizations [J]. Organization Science, 8 (1): 71-83.

Van der Knaap P, 1995. Policy evaluation and learning: Feedback, enlightenment or argumentation? [J]. Evaluation, 1 (2): 189-216.

Vedung E, 2017. Public policy and program evaluation [M]. London: Taylor & Francis.

Walder A G, 1995. Career mobility and the communist political order [J]. American Sociological Review, 60 (3): 309-328.

Ward R C, 2003. Internet use policies and the public library: A case study of a policy failure [J]. Public Library Quarterly, 22 (3): 5-20.

Water New Zealand, 2010. Recycled water - The fourth water utility [EB/OL]. https://www.waternz.org.nz/Article?Action=View&Article_id=807.

Weaver R K，1986. The politics of blame avoidance［J］. Journal of Public Policy，6（4）：371–398.

Wedell–Wedellsborg T，2017. Are you solving the right problem?［J］. Harvard Business Review，90（9）：76–83.

Whitmarsh L，et al.，2012. Engaging the public with climate change：Behaviour change and communication［M］. London：Taylor & Francis.

Wildavsky A，Majone G，1979. Implementation as evolution［J］. Implementation：163–180.

Wilson G A，Buller H，2001. The use of socio–economic and environmental indicators in assessing the effectiveness of EU agri–environmental policy［J］. European Environment，11（6）：297–313.

Wu J，et al.，2014. Incentives and outcomes：China's environmental policy［J］. Capitalism and Society，9（1）.

Young W，et al.，2015. Changing behaviour：Successful environmental programmes in the workplace［J］. Business Strategy and the Environment，24（8）：689–703.

Zheng H，et al.，2010. Applying policy network theory to policy–making in China：The case of urban health insurance reform［J］. Public Administration，88（2）：398–417.

Zheng S，et al.，2014. Incentives for China's urban mayors to mitigate pollution externalities：The role of the central government and public environmentalism［J］. Regional Science and Urban Economics，47：61–71.

Zhong T，et al.，2017. Growing centralization in China's farmland protection policy in response to policy failure and related upward–extending unwillingness to protect farmland since 1978［J］. Environment and Planning C：Politics and Space，35（6）：1075–1097.

Zittoun P，2015. Analysing policy failure as an argumentative strategy in the policymaking process：A pragmatist perspective［J］. Public Policy and Administration，30（3–4）：243–260.

附录A　农村环境综合整治“以奖促治”项目环境成效评分表

指标名称			要求	得分
任务完成情况（20分）		1. 环境整治目标完成情况（5分）	达到了项目申请预定的目标	
		2. 村民对环境状况满意率（5分）	≥95%	
		3. 资金投入产出比（5分）	东部3∶1，中部1∶1，西部0.5∶1	
		4. 农村环境保护机构队伍建设（5分）	在项目所在乡镇设立了环保机构、配备了专职环保人员负责项目实施和管理	
环境整治效果（60分）	饮用水水源保护（20分）	5. 饮用水卫生合格率（5分）	≥100%	
		6. 水源地水质（5分）	满足水源地水质要求	
		7. 饮用水水源安全保障（5分）	划定了饮用水水源保护区，饮用水水源得到有效保护	
		8. 水源地污染源治理（5分）	饮用水水源保护区内的污染源得到治理	
	生活垃圾收集处理（10分）	9. 生活垃圾定点存放清运率（3分）	100%	
		10. 生活垃圾无害化处理率（3分）	≥70%	
		11. 污染治理设施的运行与管理（4分）	污染治理设施运行稳定，后续管理、运行费用落实	

续表

指标名称			要求	得分
环境整治效果（60分）	生活污水处理（10分）	12. 生活污水处理率（5分）	≥60%	
		13. 污染治理设施的运行与管理（5分）	污染治理设施运行稳定，后续管理、运行费用落实	
	畜禽养殖污染防治（10分）	14. 畜禽养殖废弃物综合利用率（5分）	≥70%	
		15. 污染治理设施的运行与管理（5分）	污染治理设施运行稳定，后续管理、运行费用落实	
	历史遗留工矿污染治理（10分）	16. 污染源治理（5分）	土壤、水环境污染得到治理或明显缓解	
		17. 污染治理设施的运行与管理（5分）	污染治理设施运行稳定，后续管理、运行费用落实	
环境质量状况（20分）		18. 水环境质量（15分）	满足环境功能区或环境规划要求，区域水体环境得到改善，消除河流、沟塘的黑臭、堵塞等问题	
		19. 大气环境质量（5分）	满足环境功能区或环境规划要求，区域内大气环境质量得到有效改善	
环境成效评估得分合计				
评估结论（给出环境成效情况总体意见，重点说明项目主要环境指标完成情况、专项环境问题的解决程度、社会效益和资金效益等，并给出明确的评估结论） 评估组组长（签字）：__________ 年　月　日				

附录 B　访谈问卷和访谈问题

地点：

ID		性别	
年龄		民族	
职业		职位	

- 您主要负责什么工作？
- 您认为本地主要的环境问题有哪些（请简单排序）？
- 针对这些问题，已经做了什么？

主题	访谈问题
• 政策目标和政策工具的留存度 • 建立可持续的政策联盟 • 获取计划领域的支持 • 让政府治理变得容易	• 谁发起的环境综合整治项目的申请？为什么？ • 为什么要从一系列问题中解决这个环境问题？ • 谁/哪个部门负责起草项目草案？ • 起草时咨询了谁？是如何咨询的？ • 是否以任何形式的会议、研讨会等方式讨论了项目草案？

续表

主题	访谈问题
• 政策目标和政策工具的留存度 • 建立可持续的政策联盟 • 获取计划领域的支持 • 让政府治理变得容易	• 具体是以什么样的方式进行的讨论？ • 是否在会议或研讨会上形成了项目可选方案？ • 会议或研讨会涉及哪些政府部门参与？ • 会议或研讨会是否有其他利益相关者参与讨论？ • 你认为会议或研讨会是否遗漏了任何重要的群体？如果有，原因是什么？ • 在会议或研讨会上，参与者合作顺利吗？1. 非常差；2. 差；3. 相当好；4. 好；5. 非常好；6. 不知道。 • 在会议或研讨会上，参与者之间是否形成了联盟？为什么？ • 参与者之间合作的障碍是什么？ • 在此过程中如何解决这些障碍？ • 您认为有任何形式的联盟帮助该项目草案/可选方案获得批准吗？ • 项目草案/可选方案最后是否获得批准？ • 项目草案/可选方案在批准时是否受到了修改？ • 为何进行修改？具体发生了哪些变化？从哪里可以了解到修改的内容？ • 最终决策是如何作出的？ • 您认为利益相关者的参与是否影响了决策？为什么？ • 您支持政策制定过程吗？1. 非常低；2. 低；3. 一般；4. 高；5. 非常高；6. 不知道。为什么？
• 确保合法性	• 您认为该项目的制定过程合法/合理吗？为什么？
• “计划”领域	• 您认为政策制定过程有多成功？1. 绝对失败；2. 失败>成功；3. 成功=失败；4. 成功>失败；5. 绝对成功；6. 不知道。为什么？
• 政策实施符合政策目标	• 从您的角度来看，农村环境综合整治项目的目标是什么？ • 您认为项目的实施在多大程度上与这些目标一致？1. 很少；2. 一点；3. 有点；4. 较大程度；5. 很大程度；6. 不知道。为什么？

续表

主题	访谈问题
• 政策实施取得了预期效果	• 您认为该项目在多大程度上改善了农村环境治理/或降低了农村污染的水平？1. 几乎没有；2. 很少；3. 有一点；4. 较大；5. 很大程度；6. 不知道。为什么？ • 您认为该项目在多大程度上解决了最突出的农村环境问题？1. 几乎没有；2. 很少；3. 有一点；4. 较大；5. 很大程度；6. 不知道。为什么？ • 您认为该项目在多大程度上提高了村民的环保意识？1. 几乎没有；2. 很少；3. 有一点；4. 较大；5. 很大程度；6. 不知道。为什么？ • 您认为该项目在多大程度上改变了村民的污染行为？1. 几乎没有；2. 很少；3. 有一点；4. 较大；5. 很大程度；6. 不知道。为什么？
• 使目标群体受益	• 您认为该项目在多大程度上给村民带来利益？1. 几乎没有；2. 很少；3. 有一点；4. 较大；5. 很大程度；6. 不知道。为什么？
• 效率	• 您认为在这个项目的支出方式有效率吗？为什么？
• 公平	• 您认为该项目的实施是否保障了公平？为什么？
• 适当性	• 您认为该项目是否切中了村里最重要的环境问题？是/否。为什么？ • 您认为该项目是否提出了解决这个问题最适当的方法？是/否。为什么？
• 获取执行领域的支持	• 政府采取了哪些行动来帮助项目的执行？ • 您对政府所采取行动的支持程度如何？1. 非常低；2. 低；3. 一般；4. 高；5. 非常高；6. 不知道。为什么？
• “执行”领域	• 您认为政策执行过程有多成功？1. 绝对失败；2. 失败>成功；3. 成功=失败；4. 成功>失败；5. 绝对成功；6. 不知道。为什么？
• 提升选举前景和声誉	• 您认为该项目是否提高了政府官员的声誉？为什么？ • 您知道/认为有政府官员因该项目而获得晋升吗？为什么？请举个例子。

续表

主题	访谈问题
• 促进国家战略目标	• 您是否同意该项目的设计符合我国建设生态文明的战略目标？1. 非常不同意；2. 不同意；3. 犹豫不决；4. 同意；5. 非常同意；6. 不知道。为什么？ • 您认为该项目的目标与其他政策目标相冲突吗？为什么？请举个例子。
• 为政府提供政治利益	• 因为这个项目，你会更加支持政府吗？1. 少得多；2. 更少；3. 不变；4. 更多；5. 多得多；6. 不知道。为什么？
• 政策项目整体	• 总体而言，该项目有多成功？1. 绝对失败；2. 失败>成功；3. 成功=失败；4. 成功>失败；5. 绝对成功；6. 不知道。为什么？
• 政策成功和失败的原因	• 项目成功或者失败的原因是什么？为什么？

附录C 修订后农村环境综合整治“以奖促治”项目环境成效评分表（农村生活垃圾处理项目）

	序号	指标名称	权重/%	要求	数据来源	数据收集方法
任务完成情况	1	环境整治目标完成情况	8	达到了项目申请预定的目标	公共文件；观察；定性视频和音频资料；深度访谈	从网站和地方政府办公室收集公开文件以提供详细数据。进行观察并拍摄照片以确定政策目标是否已实现。通过访谈，访谈问题与附录A中针对指标5和指标6所提出的问题一致
	2	村民对环境状况满意率	8	≥95%	深度访谈	您对您居住地周边农村环境状况的满意度如何？1. 非常不满意；2. 不满意；3. 都不是；4. 满意；5. 非常满意；6. 不知道。请解释一下您的答案
	3	农村环境保护机构队伍建设	8	在项目所在乡镇设立了环保机构、配备了专职环保人员负责项目实施和管理	公共文件；深度访谈	从网站和地方政府办公室收集公开文件以提供详细数据。访谈问题：乡镇政府是否聘请专职人员负责项目实施和管理？1. 是；2. 否；3. 不知道。如果“否”，为什么？
环境整治效果	4	生活垃圾定点存放清运率	23	=100%	观察；定性视频和音频资料	连续两天早晚观察生活垃圾定点存放清运情况，每次观察时间15分钟；连续两天观察村内生活垃圾剩余情况，每次观察时间视村庄大小而定；拍摄照片并填写观察记录

续表

	序号	指标名称	权重/%	要求	数据来源	数据收集方法
环境整治效果	5	生活垃圾无害化处理率	23	≥70%	定性视频和音频资料；深度访谈	拍摄照片。访谈问题：村里有多少生活垃圾被运输到无害化处理设施处理？1. 很少；2. 一点；3. 适量；4. 大部分；5. 全部；6. 不知道。请解释一下你的答案
	6	污染治理设施的运行与管理	30	污染治理设施运行稳定，后续管理、运行费用落实	定性视频和音频资料；深度访谈	拍摄照片。访谈问题：您认为生活垃圾处理设施的运营情况如何？1. 非常差；2. 差；3. 可以接受；4. 好；5. 非常好；6. 不知道。请解释一下您的答案。是否有批准的运营预算？1. 是；2. 否；3. 不确定。如果“否”，为什么？
			100			

注：指标修订以农村环境综合整治“以奖促治”项目环境成效评分表（附录 A）为基础：因考虑效度，剔除第 3、18、19 项；专门针对生活垃圾处理项目时，不纳入第 5~8 和 12~17 项；剩余项目的权重对应发生变化。项目环境成效评估采用计分法，评估总分为 100 分。项目环境成效评估结果分为优、良、中、差四个等级，相应的评估分值分别为：优≥90、90>良≥70、70>中≥60、60>差（生态环境部，2010b）。

附录D 修订后农村环境综合整治“以奖促治”项目环境成效评分表（农村生活污水处理项目）

	序号	指标名称	权重/%	要求	数据来源	数据收集方法
任务完成情况	1	环境整治目标完成情况	8	达到了项目申请预定的目标	公共文件；观察；定性视频和音频资料；深度访谈	从网站和地方政府办公室收集公开文件以提供详细数据。进行观察并拍摄照片以确定政策目标是否已实现。通过访谈，访谈问题与附录A中针对指标5和指标6所提出的问题一致
	2	村民对环境状况满意率	8	≥95%	深度访谈	您对您居住地周边农村环境状况的满意度如何？1. 非常不满意；2. 不满意；3. 都不是；4. 满意；5. 非常满意；6. 不知道。请解释一下您的答案
	3	农村环境保护机构队伍建设	8	在项目所在乡镇设立了环保机构、配备了专职环保人员负责项目实施和管理	公共文件；深度访谈	从网站和地方政府办公室收集公开文件以提供详细数据。访谈问题：乡镇政府是否聘请专职人员负责项目实施和管理？1. 是；2. 否；3. 不知道。如果“否”，为什么？
环境整治效果	4	生活污水处理率	38	≥60%	公共文件；深度访谈	从网站和地方政府办公室收集公开文件以提供详细数据。访谈问题：农村有多少生活污水被转移到处理设施进行处理？1. 很少；2. 一点；3. 适量；4. 大部分；5. 全部；6. 不知道。你知道剩余废水是如何处理的吗？请解释

续表

	序号	指标名称	权重/%	要求	数据来源	数据收集方法
环境整治效果	5	污染治理设施的运行与管理	38	污染治理设施运行稳定，后续管理、运行费用落实	定性视频和音频资料；深度访谈	拍摄照片。访谈问题：您认为生活垃圾处理设施的运营情况如何？1. 非常差；2. 差；3. 可以接受；4. 好；5. 非常好；6. 不知道。请解释一下您的答案。是否有批准的运营预算？1. 是；2. 否；3. 不确定。如果“否”，为什么？
			100			

注：指标修订以农村环境综合整治“以奖促治”项目环境成效评分表（附录A）为基础：因考虑效度，剔除第3、18、19项；专门针对生活污水处理项目时，不纳入第5~11和14~17项；剩余项目的权重对应发生变化。项目环境成效评估采用计分法，评估总分为100分。项目环境成效评估结果分为优、良、中、差四个等级，相应的评估分值分别为：优≥90、90>良≥70、70>中≥60、60>差（生态环境部，2010b）。